The Tree

John Dunstall fecit.

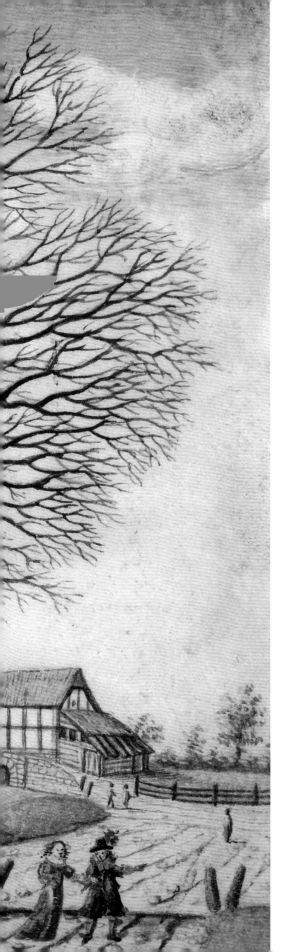

树的艺术史

[英]弗朗西斯·凯莉 著

沈广湫 吴亮 译

海峡出版发行集团
THE STRAITS PUBLISHING & DISTRIBUTING GROUP

鹭江出版社
LUJIANG PUBLISHING HOUSE

2016年·厦门

序

给人类的"树文明"深描蓝图

万物都有自己的历史，树也有它的历史。

树，在生物界只有"进化史"，在人类社会中则成就了一段"文明史"。

这本《树的艺术史》给读者们呈现出一部"树文明"简史。

树文明：树乃"人之树"

伦敦的大英博物馆与巴黎的罗浮宫、纽约的大都会博物馆和圣彼得堡的冬宫博物馆并列为"世界四大博物馆"，博物馆收藏了世界各地的许多文物珍品和艺术品，及很多伟大科学家的手稿，藏品丰富，种类繁多。令人意外的是其中竟还蕴含着一部关于树的"文明史"。多亏了此书作者弗朗西斯·卡莉这样的有心人的爬梳之功，使得这部简史被书写得如此趣味盎然。

树的进化不仅远远早于人类的进化，而且，人类祖先与树的紧密关联，也早于人类历史开启之时。树所构成的原始丛林，可以被看作类人猿的"家园"，也是早期人类的"子宫"。

类人猿就是从树上爬下来进而直立行走的，站起来的人类祖先由此才获得了开阔高远的视野。2000年10月，古老的人科女童化石"塞拉姆"在埃塞俄比亚被发现，这块属于人类进化最早物种的南方古猿化石证明，人类祖先从树上走到地面比原本预想的要晚得多，大约是330万年前。

世界上现存最古老的单棵树木，也比任何单个的人都"长寿"得多。位于美国加州东部白山山脉的一棵狐尾松，以近5000岁的高龄当之无愧地被加冕为"树王"。在埃及人建造第一座金字塔的时候，它老人家就已经300岁了，"树王"与人类文明一起延续到了今天。

自人类出现在地球上之后，这个世界上的"树木架构"就开始发生结构性的变化。从狩猎文明转向农耕文明，使得人类开始砍伐树木以获得农耕之地，特别是工业革命之后，气候的全球变暖（酸雨随着大气而飘移）让树木年轮记载了人类气候的急遽改变，使得每棵树皆不可避免地被"人化"。

这意味着，在树进化史的晚期，尽管树仍保持着自身的诸多自然属性，但已被人类"自然人化"，或者说是被"文明化"了。

德国人类学家格罗塞（Ernst Grosse，1862—1927 年）在《艺术的起源》（*The Beginnings of Art*）一书中就明确指出："从动物装饰到植物装饰的过渡，是文化史上最大的进步——从狩猎生活到农业生活过渡的象征。"早期人类开始把视角转向植物，创造包括树在内的植物装饰，其实就是将树纳入了"人类文明体系"当中，树已经成为"人之树"！

在中西方之间：树的"神话"与"意义"

这本图文并茂的《树的艺术史》，所展示的就是人之树的"两个 M"——"意义"（Meaning）与"神话"（Myth），毫无疑问，无论是树的意义还是树的神话，都是人类赋予树木的，而不是树木本身具有的，但先天属性与后天人化之间必然会形成相互匹配的关系。

原始人类可以通过树"通灵"，所以在人类早期的历史上有过大量的关于树的"神话"。看过詹姆斯·卡梅隆执导的电影《阿凡达》的人，一定会对那棵巨大的"通神树"记忆犹新，Na'vi 族人通过自己的感受器（辫子）与神树相连后，可以借助神树的力量获得启示与能量。这其实是对原始人类文明"树崇拜"的情景再现，玛雅文明中的巨树就有这种"绝地天通"的巫术功能。

在墨西哥游历期间，我惊奇地发现，玛雅文明确实与华夏早期文明有太多近似之处，其思想核心是"巫的传统"，这与华夏文明同属天人相通的"一个世界"的世界观，苏美尔文明与此后的欧洲文明才是此岸与彼岸分离的"两个世界"的世界观。树在玛雅文明中就成了沟通天人的"灵媒"，这与四川广汉三星堆的青铜神树何其相似，该青铜神树代表东方的神木"扶桑"，铜树上站着九只太阳神鸟。

众所周知，华夏文明历来推崇"天人合一"与"民胞物与"，树在农耕文明中被赋予了不同的意义和价值。在《诗经》中，就有"昔我往矣，杨柳依依；今我来思，雨雪霏霏"的名句，诗句中的杨柳是中国人抒情达意的文学意象；孔子也有"岁寒，然后知松柏之后凋也"的名句，此处松柏的万古长青、苍劲挺拔、刚直不阿间接成为儒家道德的物化象征。

在中国古典文化中，树的形象经常出现，也成了华夏文化的符号和象征。在元代山水画之后，画中树木常常以"一枯一荣"的面貌出现，这并不仅仅是为了枯笔与润笔的比照，更是阴阳协调与互动之智慧的显现。在绘画、陶瓷、家具、文玩当中，树更成为一种文化上的隐喻，被赋予了以吉祥向善为主的民俗意义。当然，华夏民族的"实用性"品格，也使得金钱榕成为"摇钱树"的代理者。

更有趣的是，由于世界观和文化观的差异，中西方对待树有着截然不同的态度。在基督教传统当中，亚当和夏娃的故事广为流传，夏娃由于在伊甸园被蛇诱惑而偷食了苹果树上的禁果，由此世人知道了"羞耻"，亚当和夏娃获得了负罪感。美国人类学家鲁思·本尼迪克特（Ruth Benedict，1887—1948 年）就此归纳基督教文化是一种"罪感文化"，而相形之下日本文化则由羞耻心所推动而成为"耻感文化"。但事实并非如此断然二分，如盎格鲁－撒克逊人居多的英格兰和多元文化混血的墨西哥，在基督化之后皆仍保存着耻感的社会大众心理。

当今中国哲学家李泽厚则认为，与西方的"罪感文化"相比，中国文化乃有乐天派取向的"乐感文化"。但是，中国儒家的伦理传统仍要人"知耻"："道之以政，齐之以刑，民免而无耻；道之以德，齐之以礼，有耻且格。"以礼法来德化万物，百姓不仅要遵纪守法，而且引以为荣。松柏之类的"比德"手法，其实就是将高尚的道德与树木品性进行伦理类比，所求的乃是"善美交融"。

与中国的"伦理本位"传统不同，欧洲还有一个强大的"科学传统"，这就使得树木也被纳入近现代的植物学体系当中。《树的艺术史》果然是西方学术普及的产物，它从知识论的角度介绍了树木的基础知识，在本书"树木馆"一章，更是将进入文明视野的树木形态进行了划分，就好似中药铺子里面的药匣子一般，将各种树条分缕析地进行逐一研究，这恰恰与中国那种模糊思维的传统形成了对峙之势。实际上，每个树种内部的文明都是相当错综复杂且引人入胜的，无论是广泛分布在北美、欧洲的桦树，还是生长在海拔几千米高地上的喜马拉雅雪松；无论是佛陀在其下修得觉悟的菩提树，还是象征永生的蟠桃树，皆形成了自身的"自然－文明史"，只要您耐心阅读，就会发现此书的高妙之处！

生态启示录：回归人与树的亲缘关联

人们总是说，我们来自自然，又复归于自然。人与自然的"生态关系"，在现代文明阶段变得愈加紧张，这本书也促发了我们对于"生态文明"的积极思考。

从人类的先祖到现代人类，皆与树产生了复杂而亲和的关系，树本身既是自然的存在，也是文明的存在。自工业革命完成之后，"人化"的伟力变得越来越强大，真正的荒野变得越来越少了。想一想美国黄石国家公园里面的树木经历了 1988 年那场大火后，许多树木都是新生的，已不是上古荒野的原貌，而且许多动物物种也不是美洲大陆的土著动物了。再想一想，公园里、街道旁的树，从小在温室抑或室外栽培的时候，都已经被人工培育了。为了适应公园抑或道路的"框架"，它们更是经常被进行人工的修剪与处理。这就是一种所谓的"树的人工化"。

这种人对树的培育方法，表达了东西方文明的差异性审美观。如果你比较一下凡尔赛宫园林与中国苏州园林里面的树，你会惊奇地发现两类"树的人工化"手法，这两种手法各自体现了东西方不同的哲学思想。凡尔赛宫园林里面的树往往采取几何造型的手法，把树修剪成三角或半圆的形态，这种欧洲园林的"树之美"如果出现在中国园林里，一定会显得非常奇怪，但当今城市中被修剪整齐的树篱都是此种西化产物。

中国古典园林崇尚"道法自然"，往往希望树木长得歪歪曲曲，很少有直线形的修剪，越是弯曲的树越被认为更符合自然形态。但有时不免过犹不及，为了达到这种自然形态，树苗从小就被盖上了"铁笼子"，以使得树木的枝干曲折地生长，这其实是另一种人工化的手段。从生态文明角度来看，这两类人工化都是人类对于树木自然生长权利的干预与剥夺。

所以说，如何在人工化如此强势的时代，重新回归人与树的亲缘关联与生态关系，变得相当艰难而又绝对必要。"生态文明"也要求人与树之间形成崭新的互动，还有什么比树木一春一抽芽、一秋一落叶、一年一枯荣、一岁一年轮这些自然现象更美丽的呢？这也是《树的艺术史》给读者的最高启示。由此，这本书可称为一本"生态启示录"！

小而美的图文书

总体观之，《树的艺术史》是一本面向国民大众的文化、艺术与科学普及读物。它不似大部头学术专著般高深，也不是集成式且说明不多的图录，它充满了生动与趣味。

这是一本好读的"小书"，而不是晦涩的"大书"。这里的大与小不是指书的厚薄、开本，而是指作者写作的方式。从英文原文来看，弗朗西斯·凯莉以非常流利且通俗易懂的语言书写了一部"树简史"，叙述方式娓娓道来，似乎面对的读者就是来博物馆或者艺术馆观展的观众。从中可以看出她在写作的时候，就清楚地知道有一群"隐藏的读者"存在，这决定了作者下笔的深浅与缓急。

这是一本图文并茂的"美书"。这样的"美书"，既不是那种味同嚼蜡没有任何图像的高头讲章，也不同于以插图为主仅附有简单说明的图录，而是一本图文交相辉映的好书，书中的图像与文字之间的相互融合形成了可观性叠加的效果。"树木馆"一章，好似词典，让读者不必依序阅读，而可以像翻词典那样找到自己感兴趣的内容"自由阅读"。排版布局合理、美观。翻开书，您会感受到，设计师从封面到封底皆在一丝不苟地创作。这种书籍内部的排版与设计千万不可小视，它直接决定这本"美书"是否具有"可观性"，从而将读书与看图结合起来，成为内容平衡与设计均衡的"图文书"。

请读者们珍读这本图文书，进而去爱恋树木，敬畏自然，因为树乃"人之树"！

刘悦笛

新世纪乙未年最后一日于闲傍斋

※ 此序作者是中国社会科学院哲学所研究员、生活美学倡导者。著有《分析美学史》《生活美学——现代性批判与重构审美精神》《艺术终结之后》等多部作品。

目录

தேவண்மையுடையஉணர்மாலெட்டுமணிஅணைசெச்
சமணிமணமேலேசசிமேணடேகோலவிதிராம
போலமிடம

 எமஜுமநதனதாஷண்ணபதுஜலாஇடமெவணகலரக
எமஜுசதுமதுணடையமானயிடம

引子

自古以来，树木就是神灵的圣殿。乡野中参天挺拔的树木一直被奉若神明。森林及其所包含的那份沉静常让人类膜拜，个中虔诚并不亚于对黄金象牙神像的供奉。树木之不同，在于由不同的神祇所司，好比栗栎之于朱庇特，月桂之于阿波罗，橄榄之于密涅瓦，桃金娘之于维纳斯，杨树之于赫丘利。

普林尼 [1]

《自然史》第十二卷，77—79 年 [1]

林祈圣母赐恩，

不厌不恶之，

或令其侥幸，

得善终。

路遇之木，

乃灵气彰显。

W.H. 奥登（W. H. Auden）

《田园诗·第二部：林——写给尼古拉斯·纳博科夫》，1979 年 [2]

树木从来就是人与自然、超自然之间联系的核心。而且，这样的联系已经成为人类生态和精神幸福感萌生的基础。树木轻而易举就能激发人类的想象，唤起人们那些有关圣林、"林中静穆"的想象或记忆。全世界最古老的文学作品——创作于四五千年前的史诗《吉尔伽美什》（Gilgamesh）中，美索不达米亚（今属伊拉克地区）众神治理的疆域好像就是一片雪松林。史诗中吉尔伽美什杀死护林怪兽洪巴巴，取胜后大肆毁林，彰显树林象征意义的同时，也暴露出人类对自然的莽撞和无视。

公元前 1 世纪维吉尔（Vivgil，公元前 70—前 19 年）所著《埃涅阿斯纪》（Aeneid）便已完全臣服于森林的魔力之下。该史诗主要根源于埃涅阿斯缔造罗马的传说。特洛伊陷落后，王子埃涅阿斯逃往那不勒斯西海岸阿佛那斯——传说中的地狱入口。埃涅阿斯得到指引，找到指路金枝，继而看到"斯提克斯冥界森林，斯提克斯对生者而言为无路之境。"[3]这里，指路的金枝常被认为是白果槲寄生（图 6），白果槲寄生宿主之一，即代表宙斯／朱

[1] 普林尼（Pliny the Elder，23—79 年），古罗马作家、博物学者、军人、政治家，以《自然史》（一译《博物志》）一书留名后世。为与其外甥小普林尼区分，一般世称他为老普林尼。——编者注

庇特神的橡树。溯泰伯河而上的埃涅阿斯终于来到一处所在，并在那里缔造出罗马国的盛世荣光。那一片丛林中"曾居住着从树干中出世的半人半羊农牧神和一班仙女"。[4]

第三部史诗为南亚地区的《罗摩衍那》，该作品大部分内容在公元前 5 世纪至前 4 世纪写成（图 1），其故事线索与森林紧密相连。主人公罗摩因攫取阿逾陀城的王位，与妻子悉塔、弟子拉克什曼一同被流放到印度最大的远古森林丹达喀隐居 13 年。尼日利亚南部埃多族和优鲁巴人常在林中祭神，如白脸海神欧咯昆。1910 年出土的中世纪伊费王国佩冠铜头像即被认为用于祭祀。1938 年伊费城后续出土的其他头像再次表明，这些头像极有可能是当地古代君主林间祭祀时的陈列（图 2）。

↑ 图1 《罗摩衍那》林木序列（局部），19 世纪
出自印度南部泰米尔纳德邦或斯里兰卡。
棉织品，103 厘米 ×755 厘米（整体）

← 图 2 奥尼王铸铜头像，12—15 世纪
出自尼日利亚伊费优鲁巴族
高 36 厘米

树之古老

树木的起源比任何玄乎的神话传说还要久远。化石研究表明，陆地植物约在 4.1 亿年前首次出现，四五千万年后，木质导水管状组织的出现，才标志着真正意义上的"树"进化出来（图 3）。与之相对的是，灵长类动物最早出现于 6000 万年前，人类的出现不过是五六百万年前的事。

不列颠诸岛的历史更少不了树木的影子，橡树、桤木、榛树随着过去 200 万年的气候变化兴荣衰败（图 4）。200 万年对于另一座岛屿——生物多样性胜地马达加斯加，则仅是时间片段而已。马达加斯加生长着多种原生特有动植物。世界现有的 8 种猴面包树中有 6 种生长于此，且均经历了数百万年的独立进化。另外，第 7 种也生长在非洲大陆（见第 56 页）。

树木世界的远古奇观中，不乏人称树中"玛士撒拉"（Methusalehs）[1] 的高龄树，如苏格兰泰湖附近欧洲最古老树木——2000 岁的福廷欧紫杉。更有"老"出一筹的近 5000 岁的加州东部白山山脉的狐尾松。

大英博物馆之树缘

自 1753 年创立至今，大英博物馆与树木就有着深厚渊源。它的成立得益于自然历史收藏巨匠汉斯·斯隆爵士 [2] 的

[1] 据希伯来语《旧约》记载，玛士撒拉是亚当的第 7 代子孙，也是最长寿的老人，据说他在世上活了 969 年。他的长寿使其名字成了不少古老东西的代名词。——编者注

[2] 汉斯·斯隆爵士（Sir Hans Sloane，1660—1753 年），是一名英国内科医生，更是一名大收藏家。1753 年他去世后遗留下来的个人藏品总数超过 71000 件，主要是自然历史标本，还包括书籍、印刷品、手稿以及植物标本集。根据他的遗嘱，所有藏品都捐赠给国家，这些藏品最后被交给了英国国会。在通过公众募款筹集修建博物馆的资金后，大英博物馆于 1759 年 1 月 15 日在伦敦市区附近的蒙塔古大楼成立并对公众开放。——编者注

↑ 图 3　黄砂岩中保存的最早的前裸子植物，古羊齿属木本孢子植物树叶
发现于爱尔兰基尔根尼（Kilkenny）

长 25 厘米
已灭绝，现藏于伦敦自然历史博物馆。

3

→ 图 4　斯威特小道（局部），树木年轮显示，小道建于公元前 3807—公元前 3806 年
木板材质主要是橡树、桦树以及椴树，木桩材质主要是榛树和桤木。

1970 年，雷·斯威特（Ray Sweet）在英格兰格拉斯顿伯里附近萨默塞特平原芦苇淀中挖掘泥炭时发现了该垫高的木板小道，小道因而得名。

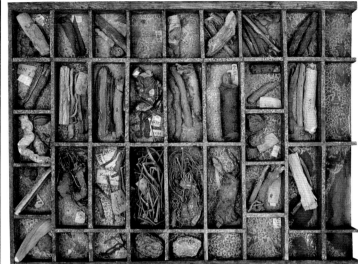

↑ 图 5　汉斯·斯隆爵士赠予博物馆的标本及植物托盘

收藏于伦敦自然历史博物馆，部分植物托盘在大英博物馆启蒙展馆借展。

藏品遗赠。斯隆赠予了博物馆大量的夹装及托盘植物标本（盘内陈列某种植物的籽、实、茎皮、根、树胶等物质，图5）。他开一代考察之风，脚步遍布世界各地。他1687年至1689年的牙买加之行即识别了多达800种新物种。[5]另一位对博物馆早期植物收藏影响巨大的是约瑟夫·班克斯爵士（Sir Joseph Banks，1743—1820年）。此人曾担任大英博物馆的受托人，同时也是基尤皇家植物园的实际掌门人。大英博物馆的首批雇员中有位瑞典植物学者是林奈（Carl Linnaeus，1707—1778年）的门生，名叫丹尼尔·索兰德（Daniel Solander，1733—1782年）。1763年后，索兰德受命整理斯隆的藏品。5年后，索兰德跟随约瑟夫·班克斯踏上库克船长南半球诸岛的首航"发现之旅"（1768—1771年），经历了众多险阻。1770年5月6日，船队正停靠在新南威尔士悉尼港，船长库克在当天的航行日志中写道："班克斯先生和索兰德博士发现颇多，这里就称作'植物湾'（Botany Bay）。"[6]

博物馆自然历史藏品数量不断增加，最终超出了布卢姆斯伯里馆舍的容量极限。藏品只得转往南肯辛顿，归于1881年成立的自然历史博物馆的名下。不过，它们仍在原馆舍中留下了丝丝印记，尤其是斯隆的草图、水彩画及一些后续收藏的作品，如玛丽·德拉尼（Mary Delany，1700—1788年）的"拼纸"植物拼贴画。18世纪70年代，德拉尼夫人创作了近1000幅拼贴作品，灵感来源于"干花植物园"的藏品（图6）、切尔西药用植物园的植物图谱（其中不少由皇家植物园约瑟夫·班克斯爵士提供）、波特兰公爵夫人和其他友人也贡献了不少收藏品。

德拉尼树影，

惟妙又惟肖。

纸叶与绢花，

剪子起落成。

错落且有致，

绿脉幽幽布，

紫瓣深深裁。

伊拉斯谟·达尔文（Erasmus Darwin）

《植物之爱》，1789 年[7]

用人类的创造来讲述世界历史，注重收藏兼具记录性与艺术性的藏品，这是大英博物馆自 19 世纪 80 年代以来的关注点之一。本书以树木为主线，意在通过艺术品呈现宽广的文化历史背景，突出科学性与艺术性的结合，更扩展至史上各国商旅往来，力图让读者能徜徉在诗文、神话、信仰及仪章的丰富意境中。本书开篇考查树木知识的发祥——树木的识别与培植，随后探讨各次发现之旅及 19 世纪中叶"深度"地质学研究对其产生的深远影响。地质学研究的进步和查尔斯·达尔文进化论的发现，彻底改变了人类对"生命之树"内涵的理解：

蓓蕾之上长出蓓蕾，生机仍在时，旁枝斜逸，新树四展，代代衍生。本人以为，地壳实由生命树的枯朽枝丫填充，地表上覆盖的则是其永恒伸展的魅力枝叶。[8]

"生命之树"的意象是本书第一章的焦点，介绍了神话传说、宗教艺术中树木的重要性。之后是"树木馆"一章，25 种树木按拉丁名首字母顺序依次呈现，英文树名会一并附上。本书结尾将呼应开篇奥登的诗句，回顾人类历史发展中树木的境遇，并评说人类因此面临的机遇和挑战。

↓ 图 6　白果槲寄生，1776 年

［英］玛丽·德拉尼（Mary Delany，1700—1788 年）植物拼贴画：彩纸、树胶水彩、水彩、黑色墨水底，28.4 厘米 ×21.3 厘米

5

第一章

树简史

第一节　树木知多少

名何为名?

"名何为名?"这句话是莎翁笔下朱丽叶曾经的发问,后常用于引出植物分类学的原则。[1] 对此,"一言难尽"是最简洁的回答。"玫瑰即使换了名字,也依然芬芳",[2] 但是如果名称所指混乱不一,名将不名。西方植物学的命名系统大多承袭了古希腊学术传统,尤其是特奥夫拉斯图斯(Theophrastus,公元前 371—前 287 年)。作为亚里士多德的门生,亚历山大大帝的老师,特奥夫拉斯图斯公元前 4 世纪早期在亚细亚的学术游说大大充实了植物和园艺学的知识体系。在其著述《植物志》(*Enquiry into Plants*)与《植物本源》(*On the Causes of Plants*)中,特奥夫拉斯图斯依据生长习性、分布、形态、用途和经济价值将植物区分为木本和草本两个类别。

史上首次为植物配图可追溯至公元前 75 年克拉特斯的作品,他是罗马劲敌北安纳托利亚(今属土耳其地区)本都王米特里达梯六世(Mithridates VI,公元前 134—前 63 年)的御医。罗马学者老普林尼的百科巨著《自然史》中有以下记载:

> 克拉特斯、狄奥尼修斯和迈特罗多鲁斯调整了绘图方法,此法听来的确让人跃跃欲试,但是繁复的步骤并未使效果有明显的改善。画法高度贴近植物原样,植物属性则标注在下方。这种画法虽配图色彩多样,但易致误读。特别是配图注重植物原样,若抄写员不甚精准,贻误复加。另外,配图只能呈现植物某一生长阶段。可是四季轮回,植物的性状却一直处于不断变化之中。[3]

十六世纪、十七世纪晚期,大受追捧的是植物的药用属性,而非经济价值。公元 65 年,古希腊医生迪奥斯科里季斯(Dioscorides)所著的《药理》(*De Materia Medica*)一书

❶ 阿维琴纳（Avicenna，980—1037 年），为拉丁文名，本名伊本·西纳。——译者注

在 6 世纪被译成了拉丁文，此后成为这股风潮的经典。该书先按种类排列植物，进一步细分的依据是疗效作用的身体部位，而非首字母顺序排列。另一位贡献卓著的人士为波斯药学大家阿维琴纳❶，西班牙南部、北非和地中海东岸药用植物的引介由此人完成。

其他大陆新植物不断涌现，欧洲植物参照系也随之不断扩展。西班牙耶稣会士 16 世纪到达美洲，那里的奇特植被令他们大为意外。他们甚至认为上帝造的伊甸园实际有两处。紧随西班牙人而至的英法探险人士到达北美东海岸，他们陆续发现那里的植物物种，并试图引种回国。1638 年，英格兰的小特斯德拉坎特（John Tradescant the Younger，1608—1662 年）接替父亲成为查理一世和亨丽塔·玛利亚皇后的御用植物学家。他从北美东海岸引进了数个奇特异常的树木品种，种植在泰晤士河畔兰贝斯区与父亲开辟的花园里，它们包括：落羽杉、美国红雪松、刺槐和北美鹅掌楸。

新物种的不断汇入呼唤着植物名称分类系统完善的一手实证研究。17 世纪与此相关的大家有两位：约翰·雷（John Ray，1625—1705 年）和尼赫迈亚·格鲁（Nehemiah Grew，1641—1712 年）。自然学家约翰·雷是斯隆爵士的好友，其学术观点收录在其著作《植物史》(Historia Plantarum，1686—1704 年)中。他是现代科学意义上使用"物种"术语的第一人。他强调，"无论个体或物种发生何种变化，只要这些个体来自同一粒种子和同一植株，它们就只能称作随机变异，不能称之为物种的变化。"[4] 而行医的格鲁一生致力于植物结构研究，新发明的显微镜使他能够观察植物形态，继而确定某类植物与其他植物之间"可见的联系"。[5]1677 年，时任皇家学会秘书的他发表系列论文，详细描述了这种观察方法：

> 再次观察类似植物的所有部位，并进行比较，从尺寸、形状、姿态、寿命、汁液、品相、能量或其他方面相似的植物中发现内部结构的异同。比较需涉及各个部位，各种指标。同样，植物在不同季节、不同生长阶段和不同部位的差异也应一并考察。上述考察中不仅要注意大小尺寸的变化，也应关注性质的不同。好比研究动物的血管、韧带和软骨，以至骨骼等都应涉及。考察面应当多样，纵切、横切、斜切、直切均要考虑。上述三点乃基本原则。观察不仅在于观察本身，更在于理解事物。视方便程度采取折断、撕裂的分割方法。使用刀具切割时，需配上显微镜，并按照上述原则一一全面观察。[6]

植物物种收藏最负盛名的莫过于大英博物馆发起人汉斯·斯隆爵士。1727 年，斯隆在艾萨克·牛顿爵士之后担任英国皇家协会主席。与格鲁一样行医的他致力于搜集自然历史标本，斯隆植物系列标本之所以重要，在于其数量、范围和公开程度。从 1742 年起直到 1753 年斯隆去世，其位于布卢姆斯伯里和切尔西的住所成为大量参观者的造访之地。1696 年，斯隆出版了 1687 年至 1689 年访问牙买加时植物考察的成果，[7] 受到了约翰·雷的夸赞。后者指出，斯隆"对一片乱象的植物名称进行了分配和厘清，对植物物种数量的简化造福了广大植物学研究者"。[8] 瑞典植物学家林奈于 1736 年 7 月造访了斯隆位于布卢姆斯伯里的宅邸。不过他使用了"混乱不堪"（complete disorder）的字眼来描述斯隆的藏品。斯隆识别植物采用的是约翰·雷的分类法，依据每件样本的主要特征进行细致描述。观察虽然仔细，但描述冗长，学名用词过多，繁复不堪。植物名称的重复自 18 世纪三四十年代起引发园艺行业乱象，甚至于出现同类的植物以不同的名称多次出售给顾客的情况。1724 年园艺师协会成立后，切尔西药用植物园的菲利普·米勒以及园艺师托马斯·费尔柴尔德打算出版植物图谱，尝试为"伦敦周边在售培育植物"制作标准化的科学名录。然而，最后二人仅在 1730 年出版了一部手册，远未达到名称标准化的目标。反之，协会的努力却成为 1732 年出版的小册子《生命之树自然史》嘲讽的对象：

10

> 生命之树多汁液，仅有主干一条，顶端雌蕊一枚，时而呈坚果状，貌似五月樱桃，时而状似榛果仁……此树各国几乎皆有生长，繁盛程度不一。（此树）可提振心绪，激发脑力，解酒，泯仇，消怒……如若各位意欲亲见此卓绝大美无瑕之物种，请至上述提及的 B 先生府第——兰贝斯区私家庭园，此树在园中专名——银勺。主人静候各位佳友鉴赏。

　　林奈的分类法以植物的性别特征为基础（灵感来自于查尔斯·达尔文的祖父伊拉斯谟·达尔文 1789 年所出《植物之爱》一书）。更为关键的是，林奈 1753 年发表《植物种志》（*Species Plantarum*），文中提出双名法，认为从识别角度来看，科学名称有其价值，此类名称必须门类清晰，层次分明。某种植物的名称始于"属"，接下来是"种名"，即大类下面的具体名称。这一体系的优点在于通过比较描述更为准确，例如，林奈所命名的 Pinus Pinaster（通常称为海岸松）的植物在 1730 年出版的《园艺师协会植物名录》中

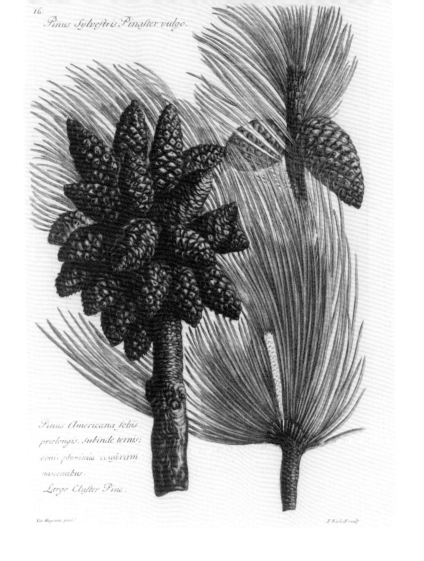

图7 海岸松（左）和欧洲赤松（右），作品选自《园艺师协会植物名录》16号板，1730年
［英］以利沙·科卡尔（Elisha Kirkall，约1682—1742年）临刻
［荷］雅各布斯·范海瑟姆（Jacobus van Huysum，1687/9—1740年）原作
彩色铜版雕刻，37.9厘米×25.3厘米

名 为 Pinus Americana folius praelongis，subinde ternis；conis plurimus consertim nascentibus（图7）。[9] 林奈的《植物种志》至今仍然是国际植物命名规范（ICBN）的依据，其原则就是某一类中的每一种植物仅有一个世界通用的准确名称。

树木栽培

多少精巧的神话传说围绕树木而生，令树木的美好形象时刻散发着浪漫的气息！不过，它们仍然需要人们的培育管养，有时甚至遭到人类的折磨、盘剥。考古学研究发现，公元前7000年欧洲大陆某些林地曾遭清除，为食用营养价值较高的榛树种植让位（图8）。[10] 树艺学最早的文字记录出自4000年前美索不达米亚（今属伊拉克地区）的陶板。这块陶板（图9）分区域、分数量（涵盖椰枣树、石榴树和苹果树）地记录了果树培植的过程和培育师的名字。

亚历山大大帝东征亚细亚，先后改变了希腊和欧洲其他地区的树木培育概况，既引进了新树种，又引进了培育方法，如嫁接法（图10）。

1807年，德国大植物学家、探险家亚历山大·冯·洪堡（Alexander von Humboldt，1769—1859年）发表《植物地理学》（*Essay on the Geography of Plants*）一文，特别提及果树入欧的西亚通道：

里海东南部、阿姆河沿岸、古科尔基斯，尤其是库尔德斯坦地区……遍地生长着柠檬、石榴、樱桃、梨等常见果树……幼发拉底河和印度河之间，里海与波斯湾之间，肥沃的土地为欧洲提供了珍稀物产。波斯提供桃和核桃，亚美尼亚带来杏树，小亚细亚是樱桃和栗子的发源地，叙利亚则有无花果、梨、苹果、石榴、橄榄、李树和桑树。加图时代的罗马人尚不知晓桃、樱桃或是桑葚为何物。赫西奥德和荷马的作品中已有希腊诸岛培植橄榄树的字句。古老者塔奎尼乌斯❶当政时期，意大利、西班牙或非洲均未发现关于橄榄树的记载。阿匹乌斯（Appius Claudius）执政期间，罗马城少有油脂。但到老普林尼时期，橄榄油已经传播至法国和西班牙。[11]

❶ 塔奎尼乌斯（Tarquinius the Ancient），罗马六世纪王。——译者注

↑ 图8 榛壳，青铜时代早期（公元前2150—前1600年）

发现于约克郡东部高沼地路斯豪威

榛壳被发现时放置于一辆推车上的橡树棺木中，有树皮覆盖。

12

通过对上述树种的遗传信息（DNA）进行分析，人们发现其起源远比洪堡的认识复杂。以苹果、桃和杏树为例，它们的起源地均为中国和中亚地区，"丝绸之路"就是它们的西传之路。

19世纪的经典作品，无论流派写实或诗意，大都曾从植物繁育知识中受益。1845年至1847年，美国作家亨利·梭罗（Henry Thoreau，1817—1862年）居住在麻省康科德附近的瓦尔登湖畔林中。他曾写道，罗马监察老加图（Old Cato，公元前234—前149年）所著《农业志》（*On Farming*，约公元前185年）令其在树木培植方面受益匪浅，可称得上是"启蒙老师"。[12] 罗马诗人维吉尔的作品与农

← 图9 楔形文字陶板，乌尔第三王朝，公元前2100—前2000年

高9.8厘米

陶板上的内容与果树栽培有关。

作关系最为紧密。其著作《农事诗》（Georgics，公元前 29 年）洋洋四卷，竭尽赞美农事对于德行人生的重要意义。第二卷中维吉尔用大量笔墨祈求神灵与林地、树木之间建立联系。他还详细描述了至今仍广为人知的树木培育方法，如嫁接、移栽、粪肥和修剪（图 10—图 12）。老普林尼的作品中有 8 部涉及树木及其成药，明确区分了培植的树木和林生树木。

园艺与树艺迅速在印刷书目中占据一席之地。1582 年出现第一本英文园艺手册，1592 年约翰·曼伍德的论著《森林法》（Forest Laws）出版，1618 年威廉·劳森的《主妇园艺新指南》、1597 年约翰·杰勒德的《草本植物》、1629 年约翰·帕金森的《日光天堂》和 1640 年的《植物堂》均介绍了大量当时伦敦本地植物繁育的情况。

约翰·伊夫林（John Evelyn，1620—1706 年）所写的《森林志》（Sylva，1664 年，又名《陛下王土林木培育论》），是 1660 年查理二世复辟之后，皇家学会得到资助出版的第一本书。该书的撰写主要是为了呼应国王为打造海军（1661 年成立的皇家海军前身）舰船

图 10　皇帝嫁接树木，1522 年

［德］汉斯·维迪兹（Hans Weiditz，约 1500—约 1536 年）

木刻，9.7 厘米 ×15.4 厘米

该图选自德语著作《运势良方》，德语原标题为 "Vonder Artzney Bayder Glück"，原版为意大利人彼特拉克（Petrarch）所著，意大利文为 "De Remediis nutriusque fortunae"。这本书是一部实用哲学散文作品，写于 1360 年。马克西米利安一世（Maximilian I）在位时，维迪兹从业于奥格斯堡。

→ 图 11 春之匙，选自 1882—
1898 年出版的《花卉手册》
［英］爱德华·伯恩 – 琼斯
（Edward Burne-Jones，1833—1898
年）
水彩及金色水粉，直径 16.9 厘米

画中人物在为树解锁，令其汁液上行。

↓ 图 12 剪枝，1955—1956 年
［澳］弗雷德·威廉斯（Fred
Williams，1927—1982 年）
铜版蚀刻画，11.2 厘米 ×22.5
厘米

这幅画是艺术家 1952 年至 1956 年
间创作的百余幅蚀刻作品之一。

图 13　欧洲落叶松各部分（花、干、果、籽），选自 1788 年出版的《树木集锦》

路德维格·弗莱格（Ludwig Pfleger，1726—1795 年）

水彩，53.7 厘米 ×37.9 厘米

书中绘有 69 种树木，旨在"真实再现德国巴登附近地区各类树木原貌，包括球果类、落叶类树种，各种高低灌木及相关植物"，由巴登侯爵麾下路德维格·弗莱格于 1788 年创作上色。

对木材的急切需求。

　　人类有历史记载以来，毁林的危险一直受到关注。伊夫林虽然是个坚定的保皇派，共和时期（1649—1660 年）他却对毁林行为大加抨击。他痛斥：

　　　　近来，我等所处之铁器时代对林地良木的毁坏已颇为肆意，只为满足那亵渎神灵的不当之欲。木材量减少，究其原因，不在于航运的进步，也不在于玻璃和铁器制造业等的发展，而是与农业种植过度扩张有关，攫取林木，夷平和抢夺林地的行为横行。祖先慎明，不伐良木，树木得以林立，装点国土，为国效力。[13]

　　查理二世建设海军对木材需求极大：一艘 74 发炮弹的三级战舰就需要两千棵成年橡树。英国海军对橡木的依赖直到 1860 年铁制蒸汽舰船的出现才得以告终。

　　18 世纪下半叶，林学在德国发端，森林管理模式得到更新，木材的管理也不再仅基于树木的数量和种植的面积，木材蓄积量也纳入其中。森林管理者可以预测树木的生长轨迹，并预设砍伐时间。人们也开始全面了解树木的结构（图 13），由此树木知识的馆藏逐渐兴起。史上有记载的树木馆首推 1785 年位于德国卡塞尔的卡尔·席尔德巴赫家。"客厅玻璃柜中收藏的约 300 本'书籍'……实际上是外形像书的小木盒，每一个盒中均装有与黑森州领地树种相关的一切自然历史信息。"[14]18 世纪 80 年代晚期至 1815 年前后，类似的树木馆在慕尼黑、帕绍、兰茨胡特、弗赖辛、格拉茨均有发现。日本曾出现不同的记载方法——

使用木板绘画，而非标本，来描述该国重要树种。1830年莱登荷兰国家标本馆设立树木馆，1878年英国基尤皇家植物园也紧随其后。

英国树艺学取得的进展也是林奈1760年将弟子索兰德派到英格兰的初衷之一。那时树艺学的泰斗是菲利普·米勒，此人1722年至1771年一直担当切尔西药用植物园的首席园艺师。1731年，他出版了大作《园艺师辞典》（*Gardeners' Dictionary*），将该书献给斯隆爵士，纪念他1712年买下了切尔西庄园的土地，第二年又将药用植物园永久使用权赠予了药师协会，该协会自1673年起一直租赁该地块。米勒初期反对林奈的植物双名法，然而到了1768年出版《园艺师辞典》第8版时，他已经采用该法命名植物了。

为了迎合富商客人对奇花异草的追捧和渴求，伦敦及其周边的苗圃蓬勃发展起来。索兰德曾造访过彼得·柯林森[1]位于米德尔塞克斯雷[2]米尔山的宅邸，宅邸主人一笔订单就有1000棵黎巴嫩雪松苗，卖主是巴恩斯的屠夫，此人同时还经营着小型苗圃。美国费城的约翰·巴特姆1765年受命担任北美皇家植物学家。18世纪中叶，他与柯林森携手，30年间向60位预订客户提供盒装树种和树木扦插。此举将更多彩的美国树种引入了英国，从而改变了许多私家花园的面貌。不过，与其他自然世界的理论体系一样，对树木培育知识体系影响最深远的莫过于19世纪查尔斯·达尔文的杰出成果。

世界失而复得

19世纪中叶，地质学、古生物学和植物学的研究进展使人们对地球及其植被和生物有了持续深入的了解。这些知识对爱尔兰圣公会主教詹姆斯·厄谢尔（James Ussher，1581—1656年）推算的上帝造世日期——公元前4004年10月23日星期天夜晚之前——形成决定性挑战。对地球历史意义非凡的"大洪水"暴发在公元前2349年至前2348年之间，形成了历史断裂分界线。洪水退去，挪亚方舟上的幸存者及他们的后代便开始在地球上繁衍。达尔文的思想就产生在这样的宗教背景之下，无论他的老师还是同仁对此都深信不疑，地质学家查尔斯·莱尔（Charles Lyell，1797—1875年）和接替父亲威廉担任基尤皇家植物园主任的植物学家约瑟夫·胡克（Joseph Hooker，1817—1911年）便是其中两位。达尔文1832年至1836年随"小猎犬号"进行南美之航，奠定了物种变异思想的基础。其成果最终成文并于1859年以《依据自然选择的物种起源》（*On the Origin of Species by Means of Natural Seletction*）为题发表。1830年，关于此次航行的回忆录出版，负责掌

图 14 巴西丛林，1828 年
［德］莫里兹·鲁根达斯
（ Moritz Rugendas，1802—
1858 年 ）
石版画，62 厘米 ×50 厘米

舵的船长菲茨罗伊在回忆录结尾以《大洪水略谈》为题撰文，试图调和达尔文及他人的科学发现与《圣经》叙述的真实含义之间的矛盾。

自 1770 年开始，以库克船长的探险为开端，探险家们开启了一次又一次发现之旅，大大拓展了植物学体系的参照系，澳大利亚的特有生物世界大幕徐徐拉开。亚历山大·冯·洪堡和邦普朗（Aimé Bonpland，1773—1858 年）1799 年至 1804 年远赴美洲，将近 8000 种植物带入学界视野，其中一半为新进物种。二人的游记正好与莫里兹·鲁根达斯（Moritz Rugendas，1802—1858 年）于 1828 年出版的巴西主题画册（1827—1835 年，图 14）中所做的丛林版画一道，令青年达尔文展开了想象的翅膀。达尔文在剑桥大学的老师——植物学家约翰·史蒂文斯·亨斯洛（John Stevens Henslow，1796—1861 年）曾接到其 1832 年从巴西的来信。信中，他这样描述："首先映入我眼帘的是一处壮观的热带雨林——那精彩、那气魄只有身处其间才能感受……的确如您的版画一般，哦，版画里的还不够壮丽——这样的快乐太意外了。"[15]

儒勒·凡尔纳等科幻作家笔下的奇特时空美景令公众对新奇异域更加沉迷。在 1864 年巴黎出版、1871 年面世的英译本《地心游记》中，凡尔纳如此描绘：

走了 1 英里❶ 以后，我们见到一片大森林的边……展示了第三纪植物的洋洋大观。不知属于目前哪一种类的高大棕榈树、松树、紫杉、柏树、金钟柏汇集在此，这些树都被一大片密不透风的藤蔓连接在一起……接着又出现了一大片杂生在

图 15 水晶宫公园, 1854 年
乔治·巴克斯特 (George Baxter, 1804—1867 年)
彩色木刻, 11.2 厘米 ×15.9 厘米

一起的种类各异的树木, 这些树在地球上本应是分布在各个不同地区的, 譬如棕榈树、澳洲的尤加利桉树、挪威的冷杉、北方的桦树以及新西兰的杉树。在这里, 地球上最高明的植物分类学家也会被搞糊涂的。

我忽然停住, 把叔父拉了回来。森林里的光可以让人分清森林深处的各种东西。我想我看到——不, 我的确看见树下有庞然大物在移动着! 这真是一群乳齿象, 不再是化石, 而是活的, 并且像 1801 年在俄亥俄州的沼泽地发现的那些动物骸骨!

前些日子我对史前时代的那些幻想, 这下子可变成现实了! 我们三个孤零零地在这洞穴中, 生命全操纵在这些野兽手里! [16]

史前洪荒的时代对于凡尔纳笔下的人物来说, 需要先深入地心始得一瞥。1854 年以后, 人们只要漫步于伦敦南锡德纳姆水晶宫公园就可实现这个心愿。至今仍开放的"地质漫步"项目包含游览分布在沿湖小岛上栩栩如生的原尺寸"已灭绝动物雕塑", 人工开凿的峭壁上展示着岩石地质分层，其上覆盖的原始植被令游者仿佛穿越到史前时代（图 15）。这些雕塑为本杰明·沃特豪斯·瓦特金斯（Benjamin Waterhouse Watkins，1807—1894 年）原作放大，原作监制为古生物学大家理查德·欧文（Richard Owen，1804—1892 年）。之后不久，欧文便担纲大英博物馆自然历史藏品部总监，大力推动了南肯辛顿自然历史博物馆的建立。水晶宫公园"灭绝动物"雕塑周围的树木景观就包括存活的智利南洋杉和石雕苏铁（木质树干，树冠为坚硬常绿叶）。[17]

苏铁树在热带、亚热带均有发现，一般被认为与恐龙出自同一时期，因此在水晶宫多有展示。然而事实并非如此，这些现存的苏铁树仅有 1000 万年至 1200 万年（与 2.3 亿年相去甚远）的历史。它们之所以对维多利亚时代的人们具有强大吸引力，主要归因于其"活化石"地位。詹姆斯·耶茨（James Yates，1789—1871 年）是一名独神论派牧师，他退休后热衷于科学研究。为了方便自己研究约克郡发现的鲕状苏铁树化石，他在伦敦北部海格特劳德代尔宅邸修建了棕榈屋，并收藏了数量众多的存活苏铁树。此人后来向大英博物馆植物部捐赠了苏铁科物种的叶和果实标本。智利南洋杉来自智利和阿根廷，属于另一个植物家族，与 2.45 亿年前的树木化石相关。1795 年，智利南洋杉由阿奇博尔德·孟席斯引入英国。孟席斯本是海军军医，爱好植物搜集。他陪同乔治·温哥华船长于 1791 年至 1795 年环游了世界。孟席斯向约瑟夫·班克斯爵士提供的种子后来成为基尤皇家植物园标本的起源。

凡尔纳煞费苦心描述的地心冒险在维多利亚时代的人们看来已实属不必，壮观美景轻轻松松就能展示在眼前。巨大的玻璃房走进了私人宅邸，亮相于各种植物展、冬季花草展和国际性展会。1837 年德文郡公爵祖宅查茨沃思庄园首建约瑟夫·帕克斯顿玻璃温室。基尤的德西默斯·布鲁顿棕榈屋 1848 年建成。1863 年，温带植物室部分落成，1898 年完工。美国最宏大的芝加哥加菲尔德公园温室于 1906 年至 1907 年之间建成，各种景观尽收其中。不过，最闻名遐迩的还是要算位于海德公园的帕克斯顿水晶宫。这座为迎接 1851 年博览会兴建的温室 1854 年迁至锡德纳姆。《水晶宫画报》声称，成年植物从佛罗里达、爪哇岛、印度、塔希提、南美和澳大利亚运抵，水晶宫完全可以与巴比伦空中花园或金苹果园相媲美。公园中有尼尼微❶橡果培育出的娇小树木，其所在的尼尼微展室的设计灵感则来自于亚述浮雕和雕塑。近来，这些浮雕和雕塑作品入藏罗浮宫和大英博物馆，即刻成为重要展品。1866 年水晶宫失火，馆舍及许多植物均遭毁坏。[18]

除去外来的奇花异树，植物化石也不断从史前景观遗址附近的矿山和渡口出土，一路带

❶ Nineveh，是早期亚述、中期亚述的重镇和亚述帝国都城。位于底格里斯河上游东岸，今属伊拉克摩苏尔附近地区。——编者注

领人们穿越到远古世界，同时也佐证了树木出现在石炭纪时期（约 3.6 亿年前）的说法。科普作家路易斯·菲吉耶（ Louis Figuier, 1819 —1894 年 ）1865 年写成《大洪水之前的世界》（ *The World Before the Deluge* ），书中有"科学不仅重新赋予动物生命，而且重构了动物所处的环境"的观点，[19] 菲吉耶写道：

❶ 1 码 ≈ 0.92 米。
——译者注

❷ 1 英尺 ≈ 0.3 米。
——译者注

❸ 1 英寸 ≈ 2.54 厘米。
——译者注

　　查尔斯·莱尔爵士告诉我们，南斯特福德郡的帕克菲尔德煤矿 1854 年发现一处矿床，几百码❶ 的表层上有 73 段树干，根系尚存。有的树干周长达到 8 英尺❷（约合 2.4 米），根部的煤层厚度超过 80 英尺（约合 24 米），煤层下为 2 英寸❸（约合 5.1 厘米 ）厚的黏土层。黏土层下面又是 2 至 5 英尺（约合 0.6—1.5 米）厚的煤带。再下面又是许多大型树干，包括鳞木、芦木和其他树种。[20]（图 16 ）

　　鳞木是石松类植物的一种。石松类植物的存在曾持续至 2.7 亿年前的二叠纪，现已灭绝，其中最高者可达 45 米。伦敦自然历史博物馆外展示有一棵 3.3 亿年前的石化树，这棵

20

图 16　石炭纪时期沼泽丛林情景再现，选自路易斯·菲吉耶《大洪水之前的世界》，1865 年，139 页
［法］爱德华·里乌（ Édouard Riou ）临刻原作 ［法］艾蒂安·默尼耶（ Etienne Meunier ）木刻

现藏于伦敦大英图书馆。

树 1854 年出土于爱丁堡克莱格里斯渡口，树龄与 1887 年格拉斯哥维多利亚公园工地出土的化石林相当。该化石林称得上现存原地石炭纪森林的最佳范本之一。[21]

引起自然历史研究革命性变化的树木是概念上的。1837 年树形草图首现，1859 年达尔文《依据自然选择的物种起源》中唯一的插图是树形扩展版示意图（图 17）。这幅示意图表现了自然选择过程中，物种从同一个祖先逐渐多样进化的过程。"同类的物种有时可用大树的形式表现出来，这个比方大体符合真实的情况。"[22] 树形图后来成为生物学研究的惯例，只是有时更像一棵真实的树（图 18），不同之处仅在于论述范围差异引起的树形变化而已。[23]

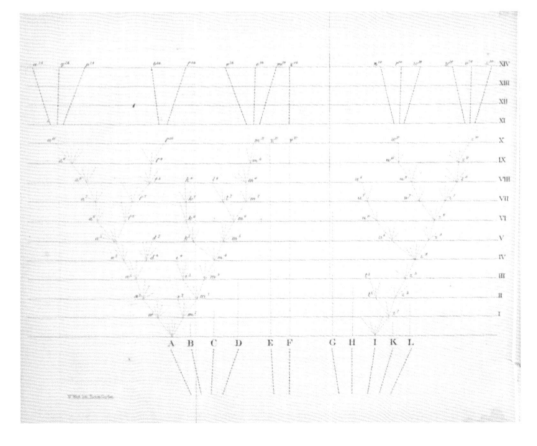

图 17　树形图，选自《依据自然选择的物种起源》，伦敦，1859 年，160—161 页

[英]查尔斯·达尔文（Charles Darwin，1809—1882 年）

该图配备了长达 8 页的详尽文字说明，保证示意图成功传达了达尔文的进化论观点，证明多个物种可以上溯到共同的祖先。现藏于伦敦大英图书馆。

21

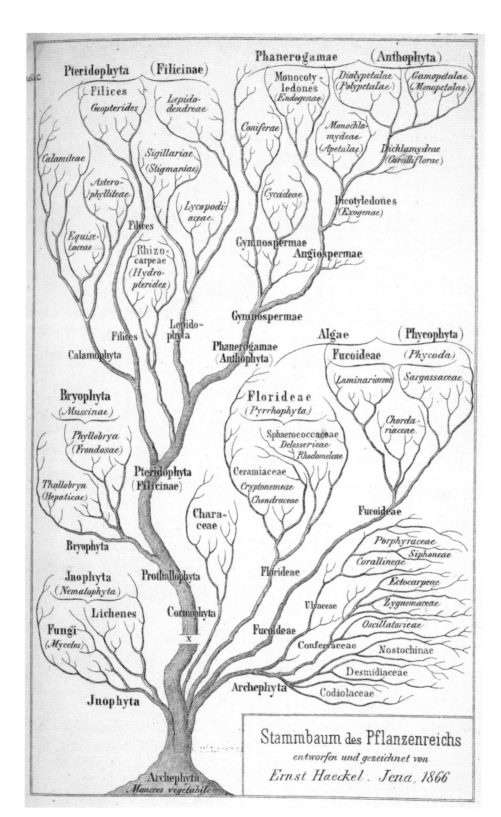

22

图 18 植物王国家族树，选自《形态学大纲——有机形式的科学原则》柏林，1866 年，插图 47

[德]恩斯特·黑克尔（Ernst Haeckel，1834—1919 年）

恩斯特·黑克尔也被称为德国的"达尔文"，他曾绘制了数百种族谱系的树木结构。现藏于伦敦大英图书馆。

第二节　树木之神与蕴

查尔斯·达尔文提出的"进化"概念不久便在人类的精神和文化层面找到了用武之地。"泛灵论"——对一物一景皆有灵性的笃信——逐渐向纵深繁复的精神体系发展，最终演变为所谓的"宗教"。出于理解这种"朴素"思想的需要，民间故事、童话等开始受到关注。

树木的象征意义凸显在两位作家的作品中。一位是安德鲁·朗（Andrew Lang，1844—1912 年）。其名下的多部童话集，每部都冠以不同的颜色，是 20 世纪孩子们的精神食粮。另一位是人类学家詹姆斯·弗雷泽（James Frazer，1854—1941 年）。他最负盛名的《金枝》（*The Golden Bough*，1890 年），是一部集神话、宗教、祭仪于一体的名作，名称及扉页插画取自威廉·特纳 ❶ 的同名画作（1834 年作，现藏于英国泰特美术馆）。而这幅画的灵感则来自维吉尔的《埃涅阿斯纪》。弗雷泽从维吉尔作品中埃涅阿斯罗马建国开始叙述，开篇即以《森林之王》为题，此后常被视作一种人类在自然和非自然间寻求平衡的妥协模式。《金枝》影响深远，荣格的人类心理学理论原型、叶芝和劳伦斯的诗歌、米雷亚·伊利亚德的作品均受其影响。罗马尼亚哲学家、比较宗教学研究权威、考古学家阿图尔·埃文斯爵士（Sir Arthur Evans，1851—1941 年）也从中深受启发。这位后来发掘克诺索斯王宫遗址的学者当时正在研究《迈锡尼人对树与柱的崇拜》，《金枝》是他的研究宝库。

弗雷泽的进化论文及其对时间、地点和文化的迥然态度长期以来颇受争议。在他的研究中，树木常成为概念类比的有效载体。

人类对森林的利用从来就不限于物质层面，林中树木也用于打造人类的基本语言、符号、意象和思维体系，构成身份标识、持续性概念和名称系统。从家族树到知识树，从生命树到记忆树，森林成为人类文明演进中不可或缺的意象来源。[1]

❶ 威廉·特纳（Joseph Mallorad William Turner，1775—1851年），是英国最为著名、技艺最为精湛的画家及图形艺术家之一。尤以光亮、富有想象力的风景及海景而闻名。——编者注

24

这样的名单还可以继续——善恶树、痴愚树、自由树、爱情树、和平树，等等。本书将论及其中的几类。不过，最重要的隐喻还要数"生命之树"。《圣经》中的生命之树有特指意义，但这一说法在不少文化和信仰体系中均以不同形式存在着。欧洲系文明中，生命之树不时会被当作非欧文化中树木的喻体。其余情况下，生命之树的比喻与树木乃至生活用品源头有关，寓意长寿，是宇宙的组成部分，"树木代表着宇宙生生不息，宇宙中央总有那么一棵树——永生或智慧之树"。[2]

享有圣树或神树之称的树木常特指某些品种，如古美索不达米亚的枣椰树，许多文明和信仰中均存在的无花果树（如古埃及的西克莫无花果树）、印度教中的榕树、佛祖顿悟于其下的菩提树。这些树木形象有时是高度抽象化的符号，如叙利亚出土的约公元前 1700 年的圆柱印章上的神树。[3] 其中最令人称奇的是亚述国王亚述纳西拔二世（Ashurnasirpal II，公元前 883—前 859 年在位）在尼姆鲁德（今属伊拉克地区）所建的宫殿。宫中殿名均以不同树木命名，如雪松、柏树、桧树、黄杨木、笃蓐香、玛甘木（Meskannu-wood）[1] 和柽柳等。[4] 来自正殿的恢宏石膏浮雕（图 19）19 世纪中叶入藏大英博物馆，其中就刻画有

❶ 玛甘"Magan"，亦作"Makkan"。在苏美尔楔形文字文本中，指美索不达米亚平原上的和闪长岩的产地，大约位于今天的阿曼境内或也门、埃及、苏丹一带。"Meskannu-wood"有学者考证为古亚述国王种于王宫的奇花异树之一种，意为"Tree of Magan"，此处试译为"玛甘木"。——译者注

图 19　石膏墙体浮雕，公元前 865—前 860 年
出自尼姆鲁德亚述国王亚述纳西拔二世西北宫觐见室
195 厘米 ×432.8 厘米

圣树一棵，喻示着土地肥沃和富足。浮雕的精妙之处在于，国王身处神树两侧，护卫均为埃及肖像研究中所谓的有翼太阳神。从其所持松果和小桶可知，两位外侧的神祇为净化或求子仪式的祭司。其他浮雕中的翼神变成了鹰头，属于亚述文化保护神的典型意象。

宇宙之树位于世界中心，将天空与其枝节——地球为干，冥界为根——相连。无论南北半球，不少宗教均有此教义。13世纪北欧神话中所谓"宇宙之树"的梣树（欧洲白梣见第98页）即属此类。斯堪的纳维亚北部及俄罗斯西北部的萨米人认为，宇宙分三个等级，由世界之树相连，萨满巫师的灵魂之旅便是沿树而上（图20）。1519年西班牙占领中美洲前，居住在那里的墨西哥阿兹特克人也非常笃信世界之树。大英博物馆收藏的绿松石拼接图案盾牌，即代表了墨西哥宇宙主要分界法（图21）。图案中大地女神特拉尔泰库特利口中延伸出"世界之轴"（"世界之树"树干）图案。两枝主干在盾牌中部分叉，较小的枝节上则点缀着花朵，一条羽尾蛇自下而上环绕树干盘踞。树干顶部为泪滴状椭圆形，里面是一个斜倚的人。蛇扮演了宇宙不同层面的介质。斜倚的人可能表示朝代的兴起好比从树木中萌发而来，这一观念在中美洲并不鲜见。[5]

中国最奇特的"生命之树"出现在16世纪90年代明朝吴承恩所著《西游记》中的一回。《西游记》取材自7世纪唐朝玄奘法师向天竺求经拜佛之行。话说唐僧和徒弟孙悟空、猪八戒及沙悟净来到一座山前：

> 却说这座山名唤万寿山，山中有一座观，名唤五庄观，观里有一尊仙，道号镇元子，诨名与世同君。那观里出一般异宝，乃是混沌初分，鸿蒙始判，天地未开之际，产成这颗灵根。盖天下四大部洲，惟西牛贺洲五庄观出此，唤名草还丹，又名人参果。三千年一开花，

↑ 图20　萨满巫师用鼓，1500—1700年
极地或次极地欧洲萨米人制造，用麋鹿皮和木圈绷制，鼓面有图案
39厘米×33.5厘米

巫师使用此鼓意在挑起极乐情绪，以利于其与灵界相通。此鼓原属于斯隆爵士，后成为大英博物馆首批藏品之一。

26

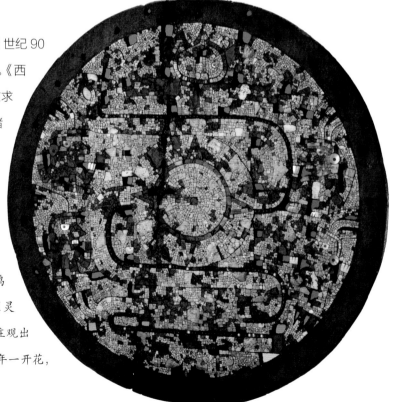

↓ 图21　绿松石拼接圆盾，约1325—1521年
米斯特克人（Mixtec）制造，由松脂胶粘绿松石及贝壳制成
直径31.6厘米

图22 《西游记——重植人参果树》插图，中国明朝，17世纪
彩色木刻（印刷品）
24.5厘米×27.5厘米

三千年一结果，再三千年才得熟，短头一万年方得吃。似这万年，只结得三十个果子。果子的模样，就如三朝未满的小孩相似，四肢俱全，五官咸备。人若有缘，得那果子闻了一闻，就活三百六十岁；吃一个，就活四万七千年。[6]

道童奉上两枚人参果，玄奘见到果形，难免联想到食人的野蛮作为，不由大惊，实在不能接受食用人形的神树之果。而他的徒弟孙悟空受到猪八戒怂恿，偷摘了果实，大闹道观，将树连根拔起，最后被神仙要求赔偿损失。不过，大慈大悲的观世音菩萨现身，救活了神树（图22）。

菩萨将杨柳枝，蘸出瓶中甘露，在孙行者手心里画了一道起死回生的符字，教他放在树根之下，但看水出为度。那孙行者捏着拳头，往那树根底下揣着，须臾有清泉一汪。菩萨道："那个水不许犯五行之器，须用玉瓢舀出，扶起树来，从头浇下，自然根皮相合，叶长芽生，枝青果出。"……行者、八戒、沙僧，扛起树来，扶得周正，拥上土，将玉器内甘泉，一瓯瓯捧与菩萨。菩萨将杨柳枝细细洒上，口中又念着经咒。[7]

印度尼西亚爪哇岛哇杨（Wayang theatre）皮影戏则从印度引进了连通物质和精神世界的宇宙之树观念。皮影戏的开场和结尾均使用了山树（Gunungan）。这种宇宙的代表，使用了山和树的意象，取材于印度史诗《摩诃婆罗多》和《罗摩衍那》。山树搜集者为斯坦福德·莱佛士（Sir Stamford Raffles，1781—1826 年）爵士。莱佛士爵士于 1811 年至 1816 年英国短暂统治爪哇期间担任总督。树干是神灵世界的门户，为承担巫师或巫医角色的皮影师傅提供来去的通路。

安纳托利亚地区及巴尔干的人们将"生命之树"与长寿和重生联系在一起，他们将树绣在衣物（图 24）上，织进挂毯和地毯中。伊斯兰教徒的祈祷垫上也有生命树的纹样，令人向往天国。《可兰经》中，天国花园里所种的果树寓意天赐的福。然而，最重要的树出现在先知穆罕默德从麦加到耶路撒冷，在那儿升入天堂的夜路上——那棵"极境的酸枣树"（the lote-tree of the farthest boundary）。前往安拉的精神之旅，无人可超越这棵树，即便是它的名称也存在争议。《可兰经》中阿拉伯语的"sidr"与耶稣受难时头戴的滨枣（见第 168 页）有关，中东地区的穆斯林和基督徒将酸枣树奉为圣树。

基督教传统中的生命之树

第一次世界大战爆发前夕，精神病学家卡尔·荣格（Carl Jung，1875—1961 年）多次出现同样的梦境，这些梦境喻示着荣格心理分析理论中"原型作为集体无意识"的概念行将取得突破。这些充满毁坏和鼓励图景的梦境，启示意义明显，一切最终都得到了救赎。

在那有一棵树，枝繁叶茂，但是没有果实（是我的生命之树吧）。

冰霜将树叶变成甜美的葡萄，里面全是抚慰治愈的汁液。我将葡萄摘下，递给了众多等待的人们。[8]

正如荣格梦中所见，"生命之树"的隐喻蕴含着基督教传统植根于《旧约》。《创世纪》中描述神的恩典失却，《新约》结尾又回到圣约翰的启示救赎。一切起始的伊甸园通常被认为位于苏美尔平原，底格里斯河和幼发拉底河之间，靠近现代伊拉克城巴士拉，"Eden"在

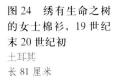

图 24　绣有生命之树
的女士棉衫，19 世纪
末 20 世纪初
土耳其
长 81 厘米

苏美尔语中意为草原：

> 主神在东方的伊甸，栽种了一个园；并将他所塑之人置于其间。主神使大地长出，一切愉悦视目，好作食物的树木；生命之树亦在园中，知善恶树亦在……主神拿起那人，置他于园中，打理和看守园子。主神命令那人，说，你可从园中一切树上自由取食；但知善恶树，你不可食；你若食之，则其日必死。(《旧约·创世纪》，2：8-17）[9]
>
> 天使又指示我在城内街道当中有一条生命水的河，明亮如水晶，从神和羔羊的宝座流出来。在河这边与那边有生命树，结十二样果子，每月都结果子。树上的叶子乃为医治万民。(《新约·启示录》，22：1-2）[10]

↑ 图 25 自然人象形记，18 世纪 90 年代
[英] J. 贝克韦尔（J.Bakewell，活跃于 18 世纪 70 年代）临刻，伦敦鲍尔斯卡佛出版社出版
手工上色木刻，35.1 厘米 ×24.5 厘米

宗教和道德上的教化手法通常是标记和形象化的，虽然文本提示也时常一同出现，但表现方式仍依托视觉的类比，以契合读者的理解能力。18 世纪晚期曾出现单页印刷两张一套的画片，一为自然人（图 25），二为基督（图 26）。画片意在传递如下信息：自然人追求物质享受，不思救赎。自然人的树，扎根于不信，由魔鬼撒旦和死神浇灌，树形扭曲，枯败不堪。树上栖息着引诱夏娃的蛇，意指善恶知识树和原罪以及路加福音 13∶6-9（见第 92 页）所提及的因不忏悔而不结果的无花果树。而基督的树则基于赞美诗中的比喻，是真正的生命之树。它植根于信仰与忏悔，枝繁叶茂，希望和爱的树干笔直，魔鬼撒旦已被逐到左侧。同时代的画片中有幅叫作"生命之树"（图 27），是同类图片中最受人欢迎的，因而 19 世纪以前一直再版。画片前面是大名鼎鼎的卫理公会牧师约翰·卫斯理和乔治·怀特菲尔德在引导有罪狂欢者通过狭窄的门户，离开大张的地狱之口去往天堂。图片聚焦在生命树上受难的基督，背景按照启示录中的内容，放在了重新获得的耶路撒冷。

↑ 图 26 基督徒象形记，18 世纪 90 年代
[英] J. 贝克韦尔（J.Bakewell）临刻，伦敦鲍尔斯卡佛出版社出版
手工上色木刻，35 厘米 × 24.6 厘米

生命之树上的基督形象可上溯至 13 世纪的中世纪手稿装饰和愈疮木树[11]。圣波拿文都拉（St. Bonaventura，约 1260 年）在脑海中用树形图表这样描绘基督的一生："在脑海里画一棵树，树根有源源不断的喷泉浇灌，泉水汇聚成一条流动的大河，四条河渠浇灌花园……这棵树的树干上，有十二个主枝，绿叶掩映着鲜花，果实累累。试想，树叶是良药，可防治一切病患。十字架的语言是神的力量，可以拯救每一个信徒。"[12]富有远见的诗人、艺术家威廉·布莱克❶将这棵树上受难的基督形象用到了自己的短诗《耶路撒冷》（Jerusalem，1804—1820 年）的第四部分，也即最后一个部分的插图中。第四部分作为布莱克预言系列作品的总结，描述了人类陷落、受俘和最终救赎的过程（图 28）。插图使用了阿尔比恩代表原型人类和不列颠。叙述进入尾声，阿尔比恩站在受难的基督面前，兴致高昂，喻示着他最终理解了基督受难的含义。只有这种奉献，他才能得以进入新的耶路撒冷。[13]

无论在宗教还是世俗语境，善恶知识树也用于挖苦讽刺。詹姆斯·吉尔雷的漫画《自由之树——魔鬼引诱约翰牛》直指议会辉格党反对派领导人查尔斯·詹姆斯·福克斯的呼吁——跟随法国革命的脚步，暗讽这是引诱英国人民品尝善恶树和知识树（由漫画中的两棵树分别刻画）上的果实（图 29）。

❶ 威廉·布莱克（William Blake，1757—1827 年），英国诗人、画家，浪漫主义文学代表人物之一。他的画作大都描绘神启，但区别于圣洁的传统表现风格，他更多地体现了象征主义，将其作为自己表现梦境的手段。——编者注

图 27 生命之树，18 世纪 90 年代
［英］J. 贝克韦尔（J.Bakewell），临刻，伦敦鲍尔斯卡佛出版社出版
手工上色木刻，35.3 厘米 ×24.9 厘米

32

图 28　巨人阿尔比恩的告白
选自《耶路撒冷》第四部分
及最后一部分插图，76 号板，
1804−1820 年
［英］威廉·布莱克（William Blake,
1757—1827 年）
浮雕蚀刻，22.2 厘米 ×16.1 厘米

图 29 自由之树——魔鬼引诱
约翰牛，1798 年
［英］詹姆斯·吉尔雷（James Gillray,
1756—1815 年）
手工上色蚀刻，37 厘米 ×26.8 厘米

查尔斯·詹姆斯·福克斯站在恶行知识
树旁，向约翰牛递上改革的烂苹果。知
识树的"反对派"树干植根于"嫉妒、
野心"和"失望"。约翰牛倾向于选择
远处的善行知识树，"公正"的树干支
撑着"法制、宗教"的枝叶，结出"自
由、幸福、安全"和"满意"的果实。

33

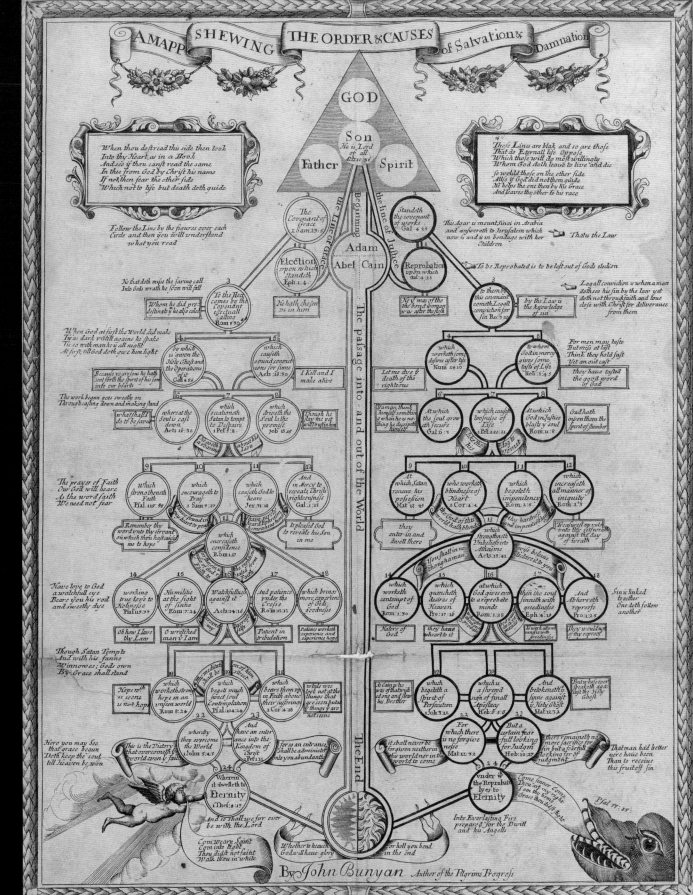

图 30　插图出自班扬所著《救赎与天谴之次序因果论示意》，1691 年版

[英]威廉·马歇尔（William Marshall，活跃于 1617—1649 年）

雕刻宽幅印刷，42.5 厘米 × 32.4 厘米

知识树与家谱树

圣波拿文都拉的思想可以像树一样伸展，探索知识和学问的人们自然也深谙此道，无论他们追求的是宗教的奉献还是世俗的真理。3 世纪希腊哲学家波菲利（Porphyry）就用树形结构来阐释亚里士多德的思想，进而成就了简明的"波菲利树"——19 世纪以前逻辑学教学的必备教具。诚笃的神学家、《圣经》评论家、历史哲学家菲奥雷的约阿希姆（Joachim of Fiore，约 1130/1135—1201/1202 年）在自己的作品《图表手册》（*Liber figurarum*）中将历史的更迭视作花期正盛的树木。德国耶稣会士阿萨内修斯·基尔歇着迷于东方语言和远古宗教。1652 年，基尔歇设计出卡巴拉（Kabbalistic）生命树，以揭示犹太教玄秘而小众的传播。[14] 天主教异论者约翰·班扬（John Bunyan，1628—1688 年）曾作《救赎与天谴之次序因果论示意》（图 30）。弗朗西斯·培根（Francis Bacou，1561—1626 年）在《论学术进步》（1605 年）中提出知识树的概念，最终经过德尼·狄德罗（Denis Diderot，1713—1784 年）和达朗贝尔（Jean le Roud d'Alembert，1717—1783 年）的阐发，成为人类知识体系的喻义系统。这两位所编著的法语版《百科全书》（*Encyclopédie*，1751 年，图 31）出版，成为启蒙时代的力作。该书认为，知识树的三大主干分别为：记忆/历史、理性/哲学、想象/诗歌。知识，包括神学知识，都依赖于人类的理性，而非神祇的启示。

达尔文将自然系统看作类似族谱的树形结构，因而《依据自然选择的物种起源》中的插图便与树木结下缘分，随后沿用下来——这就是家族树。传统的西方族谱结构来源于那棵示意基督家谱的耶西树（Tree of Jesse）。"从耶西树的根必发一条，从他根生的枝子必结果实。"[15]《新约》首篇《马太福音》开头便详细地说明了这样的结构。你可以在本书中见到成品于

图 31　人类知识体系喻义系统，出自法语版《百科全书》第一卷插图，1751—1765 年

现藏于伦敦大英图书馆。

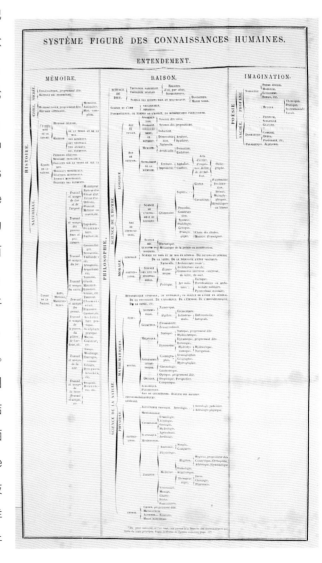

35

↑ 图 32　象牙耶西树，16 世纪

原产地或为斯里兰卡

17.4 厘米 ×12 厘米

→ 图 33　哈布斯堡族谱树，1540 年版

［英］罗伯特·佩里尔（Robert Peril，活跃于 16 世纪上半叶）

彩色木刻，总长 734 厘米 × 宽 47 厘米

族谱树由 22 幅画拼接而成，始于法拉蒙德，止于西班牙查理五世。

SOMMARIO ET ALBORO DELLI PRINCIPI OTHOMANI

CON GLI LORO VERI RITRATTI AL NATVRALE ET VNA BREVE DESCRITIONE DELLE VITE LORO

图 34 奥斯曼王族族谱树，1570 年

版画，50.7 厘米 ×39.1 厘米

始于奥斯曼一世，止于谢里姆二世（Selim II）。

图35 卡拉奇家族树，1595年后完成

［意］阿戈斯蒂诺·卡拉奇（Agostino Carracci，
1557—1602年）

钢笔画，棕色墨水，28.9厘米×20.3厘米

画中的家族树矗立于意大利博洛尼亚城墙之外。

16 世纪下半叶，斯里兰卡制造的象牙盒板（图 32）。葡萄牙与斯里兰卡 16 世纪初贸易往来日渐频繁，耶稣族谱的概念引入斯里兰卡，当地的头领逐渐皈依基督教，如 1557 年科特（今科隆坡）国王皈依，教徒数量增加，建教堂，置圣器，宗教器具需求越来越旺盛，带动了对欧奢侈品的出口。从耶稣家谱到历代王侯家谱，家族树成为身份、地位和理性的象征。

16 世纪哈布斯堡家族（图 33），奥斯曼（Ottoman）王（图 34），16 世纪、17 世纪之交博洛尼亚的卡拉奇家族（图 35）等便属此类。19 世纪早期，歌德及其同仁海因里希·迈尔凭借所谓的"新日耳曼宗教爱国艺术"自创家谱，这个家族始于丢勒，形如橡木，树干上放置丢勒 1510 年祭坛木刻画一幅，为《耶稣受难记》题材（图 36）。这棵家谱树不仅具有

图 36 萨尔茨堡和贝希特斯加登七处纪念牌，1823 年
［德］费迪南德·奥利弗（Ferdinand Olivier，1785—1841 年）
平版画，28.2 厘米 ×35.5 厘米

家族意义，同时也是生命树，标志着德国艺术的复兴。

现代世界中的生命树

树的意象在当代生活中依然丰富。2011 年泰伦斯·马利克编导的影片《生命之树》围绕一棵弗吉尼亚橡树展开，使用创世纪和 20 世纪中叶得克萨斯州的场景相互切换的手法，娓娓道来一幕幕夹杂纯真、失落和些许救赎意味的情景。英国雕塑家雷切尔·维利特（Rachel Whiteread，1963 年—）受维也纳分离派大楼（The Secession Building）灵感激发，在伦敦创作了镀金《生命之树》（2012 年）。该作品成为 1898 年至 1899 年间建造的伦敦白教堂艺术馆（Whitechapel Art Gallery）哈里森·汤森兹（Harrison Townsend）新派艺术大楼的正面装饰。

大英博物馆中有 3 件藏品颇能表现"生命之树"在现代全球的发展趋势。其一，用作加纳卫理公会女会员头巾的印花棉布（图 37）。头巾上绣着连续的"生命之树"纹样和卫理公会最佳赞歌第 427 首的最后一句："自始至终，看过生命的每一段风景。"[1] 其二，来自墨西哥的亡灵节专用陶釜（图 38）。每年 11 月 1 日亡灵节来临，各种仪式用品纷纷出场。陶釜是具有代表性的意象之一。其三是报废武器组合而成的独特"生命之树"，其作者为莫桑比克马普托"变武器为工具"合作社的艺术家群体。2002 年，大英博物馆购买了另一件类

[1] 作者是内厄姆·泰特（Nahum Tate，1652—1715 年），爱尔兰诗人，词作家。——编者注

40

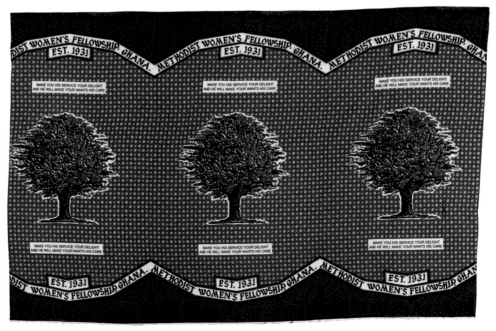

图 37　加纳卫理公女会员印花棉布头巾，21 世纪初
加纳阿科松博布料公司制作
170 厘米 ×110 厘米

图 38　生命之树陶釜，墨西哥梅特佩克（Metepec），20 世纪80 年代

［墨］提武西奥·索特罗·费尔南德斯（Tiburcio Soteno Fernández）陶瓷及铁丝，高 102 厘米

每年 11 月 1 日亡灵节专用陶爷，地球仪居中，周围呈现的是由猿到人的进化过程，从摇篮到坟墓的人生旅途。

图 39　生命之树，2004 年
凯斯特（Kester，1966—），菲耶尔·多斯桑托斯（Fiel dos Santos，1972—），阿德利诺·马特（Adelino Maté，1973—），以及伊拉里奥·那突古加（Hilario Nhatugueja，1964—）创作
金属雕塑，高 300 厘米

2005 年在大英博物馆中庭展出。

似作品《武器御座》。2004 年，大英博物馆携手基督教援助组织，委托艺术家们以这件作品为基础，创作了《生命之树》(图 39)。这棵"生命之树"最先出现在博物馆历时一年的"非洲'05"文化活动中，之后陈列于大英博物馆塞恩斯伯里非洲艺术馆。"生命之树"最初的形象创意为莫桑比克和非洲广大地区生长的树种，譬如杧果、猴面包树或腰果树，然而最终艺术家们还是采用了象征性的树木形象。"变武器为工具"合作社由迪尼斯·森古勒主教于 1995 年发起成立，致力于鼓励人们自愿交出 1992 年之前莫桑比克内战遗留下来的枪支，以换取生产工具。雕塑运往伦敦之前，曾在马普托和平公园露天展出，之后被运至该国政治宗教领导人签署和平承诺书现场。这棵树在"和平与和解日"那年，见证了承诺书的签署。

树林别趣

奥维德（Ovid，公元前 43 年—公元 17/18 年）公元 1 世纪所作《变形记》(*Metamorphoses*) 给予了无数作家、艺术家以灵感，林中的树木被赋予了魔法，拥有奇幻的力量，特别是莎士比亚笔下《仲夏夜之梦》中的雅典森林。罗马诗人讲述希腊神话人物俄耳甫斯（Orpheus）的乐声诗话能使自然发生神移，橡树、杨树、椴树、榉木、月桂、榛树、梣树、杉树、梧桐、枫树、柳树、黄杨、柽柳、桃金娘等，只要乐声一响，都能招之即来。艺术家们因此也得了真传，能够随心所欲地塑造眼中的世界。1922 年奥地利诗人赖纳·马里亚·里尔克（Rainer Maria Rilke，1857—1926 年）诗兴大发，13 天之内创作了 54 首献给俄耳甫斯的十四行诗，第一段就是：

那里升起过一棵树。哦，纯粹的超升！

哦，俄耳甫斯在歌唱！哦，耳中的大树！

万物沉默。但即使在蓄意的沉默之中

也出现过新的开端，征兆和转折。[16]

阿利盖利·但丁所激发的文学灵感和留下的视觉遗产与罗马先驱维吉尔和奥维德不相上下，他笔下的森林也成为人类精神的喻体。《神曲》以《地狱篇》开启，一落笔便是这样的景象：

我走过我们人生的一半旅程，

却又步入一片幽暗的森林，

是因为我迷失了正确的路径。[17]

《神曲》第二部《炼狱》中，森林从基督罪恶的寓言，变为地上的天堂，这里即将显现基督教的胜利，也是但丁初次见到比阿特丽斯的地方。后者为但丁深爱，最后成为诗人心中理想人物的化身。场景中满是《启示录》中的意象标志，"生命之树"也在其中。威廉·布莱克为《神曲》所作水彩画（图40）便摄住了这精彩的一刻。不过，无论这一幕还是后续《天堂》中的描写都不能与地狱情景比肩，下面是第七重地狱——自杀者丛林的情景：

> 没有绿叶，只有黑暗的颜色；
>
> 没有光滑笔直的树枝，只有弯曲纷乱的交叉；
>
> 没有果实，盛开的只有带刺的毒药。[18]

罪恶，第七层地狱中自杀者的罪恶，在天主教教义看来，是对救赎可能的抵制，这种罪恶让自然也日益腐朽。这"恶"树，无论恶毒变形根源在于人类，还是在于神灵或其他超自然的干预，都能在但丁的隐喻中或直接或间接地找到根源。一种接着一种，相互重叠交缠。

雅克·卡洛（Jacques Callot，1592—1635年）1633年出版的《战争的苦难》版画系列中有一幅名为《缢》，画的主题就是一棵令人不寒而栗的死亡之树。"惨不忍睹"的果实垂在枝头（图41），树上挂满了士兵的遗体，表现了卡洛对"三十年战争"时期家乡洛

图40　比阿特丽斯在车上，马蒂尔德和但丁，选自《炼狱》第29章，1824—1827年

[英]威廉·布莱克（William Blake，1757—1827年）

钢笔、铅笔底稿水彩，36.7厘米×52厘米

→ 图 41 缢,《战争的苦难》大型版画第 11 号,1633 年

[法]雅克·卡洛(Jacques Callot,1592—1635 年)

蚀刻,8.1 厘米 ×18.6 厘米

↓ 图 42 匈牙利苏维埃共和国勋章(反面),1919 年

[匈]伊斯贝特·埃瑟奥(Erzsébet Esseoö,1883—1954 年)

铸铜,直径 7 厘米

→ 图 43 "壮举,由遗体堆出!",大型版画《战争灾难》第 39 号,作于 1810—1815 年,1863 年版

[西]弗朗西斯科·戈雅·卢西恩特斯(Francisco Goya y Lucientes)

铜版蚀刻,15.5 厘米 ×20.5 厘米

林遭受重创的悲伤和愤恨。[19] 这一情景也再现到一枚勋章上（图 42）。它纪念的是 1919 年 6 月的一场流产的反匈牙利苏维埃共和国政变。美国雕塑家大卫·史密斯（David Smith，1906—1965 年）的作品也受其影响。《耻辱勋章》系列作品中，《私有法及秩序联盟》（1939 年）在细节上也有所体现。[20]

这方面受卡洛影响最大的当数戈雅。戈雅在 1808 年至 1823 年间创作了蚀刻版画系列作品《战争灾难》，共 82 幅，最后一幅与卡洛的《战争的苦难》相呼应。这些作品是戈雅对拿破仑入侵西班牙系列事件和 1808 年至 1814 年半岛战争的回应。《战争灾难》1863 年才得以出版，那时戈雅已去世多年，不过遗作本身的意义令其流传开来。这些金属板已经成为人类非人道行为的永恒印记和无声控诉。有什么比断头残肢堆挂树梢，画作却命名为"壮举，由遗体堆出！"（图 43）更为辛辣讽刺的呢？[21]

但丁这个名字引发的联想唯有一战期间比利时和法国战场上令人发指的恐怖可与之相较。"受伤"的树木"四肢坏死"，[22] 残存的树干为那些肢体残缺的士兵遗体站岗放哨，生命消逝却只是因为那几寸领土的得失。《鬼林》（图 44）、《虚空的战争》（图 45）这样的作品本身就在向我们诉说战争艺术家和作家们亲眼看见的巨大灾难，亲身感受的强烈倾诉欲望。后一幅作为保尔·纳什（Paul Nash，1889—1946 年）创作的展会海报。他曾致信妻子，向她描述了自己在 1917 年 11 月帕斯辰戴尔 ❶ 战役最后阶段的亲眼所见。

❶ 原文为 Paschendaele，应为 Passchendaele，疑有误。——编者注

图 44　鬼林，1918 年
［英］克里斯托弗·怀恩·内文森（Christopher Wynne Nevinson，1889—1946 年）
铜版画，25 厘米 ×34.7 厘米

内文森 1916 年 1 月曾是一名红十字救护车司机，后因条件不符，1917 年 7 月被送回法国，正式成为一名战地艺术家。此作品命名与西格夫里·萨松（Siegfried Sassoon）的诗作《在卡诺伊》（At Carnoy）有关，该诗日期落款为 1916 年 7 月 3 日。

图 45 虚空的战争，1918 年
[英] 保尔·纳什（Paul Nash，
1889—1946 年）
版画，37.1 厘米 ×44.4 厘米

昨夜，我沿着战线去了一趟旅部，那经历让我永生难忘。眼前的村庄犹如令人惊恐的梦魇，好像从但丁或坡❶笔下而生，绝对不是自然的造化，可怖狰狞，难以言述……乌黑垂死的树木，树液渗出，汗涔涔，湿漉漉，而弹片仍在呼啸而过……我无言以对，感到神灵消失，希望幻灭。那个趣味盎然的艺术家不是我，我是信使，把奋战士兵们的消息传递给那些持续开战的人。我的消息如此轻飘飘软绵绵，措辞笨拙。但是，它却传达着苦涩的真相，愿这真相烧毁接收者窝囊的灵魂。[23]

❶ 埃德加·爱伦·坡（Edgar Allan Poe，1809-1849 年），19 世纪美国诗人、小说家。以写作神秘故事和恐怖小说闻名于世。——译者注

艺术与自然

中国宋朝（960—1279 年）以来的艺术作品中，受道教"天人合一"以及儒释两家思想的影响，山水画作品不断涌现。4 世纪以后，文学作品中首先出现一系列标志性的符号，艺术创作随即赶上。树木在这个体系中意义重大，不仅为社会精英所用，更融入民间文化当中。植物与神灵、圣人和仙家相互对应，四季四时，每个月、每个场合都有对应的花树。1679 年，著名的画法教科书《芥子园画谱》问世，1701 年出全本。这份图谱无论在中国还是日本都被奉为经典（图 46）。[24]

风景是否能够成为题材？风景的组合能否达到理想的效果？这种效果是视觉享受还是心理映射？上述问题在 18 世纪晚期掀起了激烈争论。瑞士裔艺术家昂利·富泽利（Henry Fuseli）在英国皇家学会的数次授课中引用了经典美术大师们——提香、萨尔瓦多·罗萨、普桑、克劳德、鲁本斯和伦勃朗的话，以阐明风景本身并不是简单的"地图绘制"，景物的"高低、深浅、疏密，绘画的笔触，传达着的恐惧、迷人、困惑等等情绪，在作品中都能感受到。无论古典派、浪漫派，观者都能倘徉在丰富多彩，各具特征的美好事物之间。"[25] 这一席话无疑表明，专业美术界对风景画的评判态度发生了转变。树木本身由多种美好事物组合，且组合方式繁多，潜力巨大。例如，伦勃朗的蚀刻画《三棵树：1643 年》（图 48）就曾获得特纳的特别褒奖。树木如何"布局"，单棵或多棵树木的"个性"如何充分发挥，曾经是美术教学的重点。美术学习者，无论业余的还是专业的，都会发现此类文献也日益丰富起来（图 49）。风景画与人物画不同，后者需要科班的专业训练，而前者一直被视为贵族男女美术爱好者的余闲雅兴。

英语文献中最全面的是纽弗罗斯特地区博尔德尔牧师威廉·吉尔平（William Gilpin，1724—1804 年）和约翰·罗斯金（John Ruskin，1809—1900 年）两

48

图 46　**仿沈石田碧梧凉暑图，选自《芥子园画谱》**
王概（1645—1707 年）
22.5 厘米 ×14 厘米

沈石田即"明四家"之一沈周（1427—1509 年），芥子园为南京园林名。

← 图 47　仿萨尔瓦托·
罗塞（Salvator Rosa，
1615—1673 年）《山 岩
之地上炸倒的树》（原作
已失），18 世纪上半叶
［法］约瑟夫·古皮（Joseph
Goupy，1689—1769 年）
水粉，18 厘米×22.3 厘米

← 图 48　三棵树：1643 年
［荷］伦勃朗·哈尔曼松·范
莱因（Rembrandt Harmensz van
Rijn，1606—1669 年）
铜 版 蚀 刻，21.3 厘 米 ×
27.9 厘米

50

位业余画家的著作。吉尔平 1791 年写《林间及其他林地风景一席谈——以汉普郡纽弗罗斯特风景为例》，1792 年著《三论：如画之美、如画旅途、风景速写（附风景画诗一首）》。附诗为"年轻的美术家"提出以下建议：

从山里快快到林间，

斟酌每棵树的外形与叶片，

哪个特征更突出？

再把橡树看，

树干粗壮，

树荫壮观；

桦树摇又摆，

榉木实又坚，

桦木轻盈又多彩。

春秋时节里，

褐绿转换，

灰色又现。[26]

从情感上认同风景的重要性，再从科学角度或美术技法上来处理是最值得推崇的策略：

> 有些美景，哪怕其间景物组合有所不当，可是一旦跃入眼帘，也会摄人心魄……思维骤停，灵魂出窍，弥漫开来的是某种激烈的震撼，这就是用美术规则审视前的感受。风景总的来说就是留下印象，之后才是做出判断。风景不是用来审视的，而是用来感受的。[27]

吉尔平同时代的尤维达尔·普赖斯（Uvedale Price，1747—1829 年）1794 年著有《如画论，与优美崇高之比较及以美化景观为目的之画作研究使用论》，笔锋直指当时以"万能的布朗"（Capability Brown）❶ 和汉弗莱·雷普顿（Humphrey Repton）为首的景观设计师对许多宅邸园林的随意改造。普莱斯提出，自然和艺术之间需要中间地带，[28] 那就是掌控着"优美和崇高区间站点"的"如画"。他反对个性的扼杀，反对大一统风格的树木密植，林木之稠密就连意欲自缢之人都无处下脚。树丛"簇簇"，"好似山顶灯塔，提示着尚在数里之外的如画旅者"。[29]

另一种情感类型作品来自年轻的塞缪尔·帕尔默（Samuel Palmer，1805—1881 年）。他汲取维吉尔作品、《圣经》和班扬作品的文学灵感，从威廉·布莱克和大英博物馆中的大师绘画，包括丢勒和由布莱克的资助人约翰·林内尔推荐的卢卡斯·范莱登（Lucas van Leyden，1494—1533 年）的作品中获得灵感。1964 年，大英博物馆从帕尔默家族后人处获得其 1824 年的素描簿——他思想形成阶段的唯一记录。艺术与直接的自然观察结合，为他 1825 年至 1835 年期间肯特郡肖勒姆"视觉山谷"（图 50）的创作铺平了道路。[30]

罗斯金则大力推崇真实的自然，他主张感受必须真实，而不仅是结构上的真实，这事关"人类思想与所有可见事物之间的纽带"。[31] 罗斯金年轻时曾师从詹姆斯·达菲尔德·哈丁（James Duffield Harding，1798—1865 年）（图 51）。哈丁 1850 年的《树木教程》（*Lessons on Trees*）是美术界的标杆之作。罗斯金肯定了哈丁娴熟而全面的树木绘画技法，却还是把哈丁的作品放到了《论绘画元素》（1857 年）中，并且评论道：与总体印象同样重要的局部树叶特征未能受到足够重视。1842 年罗斯金在枫丹白露对欧洲山杨写生，使他产生了"树林"顿悟。那次经历让他意识到，森林里的树木远远美过"哥特式的窗饰，古希腊的花瓶画，或是东方精美的刺绣以及西方最具艺术气息的画作"。[32] 这次艺术顿悟令他发现了特纳的作品，并写下《现代美术家》（1843 年）第一卷，以声援特纳。在罗斯金看来，特

❶ 18 世纪英国自然风景园林形成，兰斯洛特·布朗（Lancelot Brown，1716—1783 年）是代表此风格的园林大师。他有一句著名的口头禅——it has great eapabilities，因此被称为"万能的布朗"。——编者注

→ 图 50　树木绘画技法，选自帕尔默素描本，1824 年

［英］塞缪尔·帕尔默（Samuel Palmer，1805—1881 年）

褐色墨水，18.9 厘米

图中左下角的英文为"NB The chestnut ought to have/been in the middle"，中文意为"栗树应当居中"，表明画家采用的是直接观察法。

→ 图 51　树丛，约 1850 年

［英］詹姆斯·达菲尔德·哈丁（James Duffield Harding，1798—1865 年）

石墨底水彩，20.5 厘米 × 28.7 厘米

纳对风景的阐释极其"不易琢磨""神秘",具有"深不可测或极其内隐"的特质。[33]

  特纳后期描绘内米湖的水彩画（图 52）表现手法极其隐晦，完全达到罗斯金钦慕的标准。这些画大略创作于二人初见的那段时期，后被伦敦东北部透特纳姆的本杰明·温达斯收藏。这些广受称赞、荣誉加身的画作已经成为收藏王冠中的瑰宝。[34] 内米湖本是火山口，也称为"戴安娜的神镜"，是 17 世纪以来罗马游客必到之所，亦是弗雷泽《金枝》的起点。弗雷泽将内米湖和狩猎与森林女神狄安娜的圣林换成据说是地狱入口的那不勒斯阿佛那斯湖。内米湖与"森林之王"之争也成了弗雷泽"思维理论"研究的起点和终点，他写道："（整个研究网络）由三股不同的线织成，即黑色的魔法线、红色的宗教线和白色的科学线。"[35]

图 52　内米湖，约 1840 年
[英] 威廉·特纳（Joseph Mallord William Turner, 1775—1851 年）
水彩，34.7 厘米 × 51.5 厘米

第二章

树木馆

猴面包树

名副其实的"生命树"

拉丁学名：Adansonia

英文名：baobab

猴面包树是名副其实的非洲"生命树"，其储水量之大众人皆知（因而也有"瓶子树"的别称），果实、种子及树叶均富含钙、铁、钾及维生素 C 等多种微量元素。树皮榨干后用途广泛，譬如搓制麻绳、编树皮篮子和地垫、造纸、纺布、制衣和制帽。8 种猴面包树中有 6 种为马达加斯加原生，第 7 种在非洲大陆广为分布，因此也称非洲猴面包树，主要生长在半干旱地区，第 8 种则分布在澳大利亚西部。

非洲猴面包树的命名者是法国自然学家阿当松（Michel Adanson，1727—1806 年）。1757 年他发表了《塞内加尔博物志》，当中提及那时人们眼中的猴面包树还常被称为"非洲葫芦"或"埃塞俄比亚酸瓠"。这种树木已经成了塞内加尔的标志。如今，来到塞内加尔的游客仍能下榻猴面包树下的旅馆。非洲猴面包树在另外 30 个非洲国家生长，包括南非。当年拉迪亚德·吉卜林（Rudyard Kipling，1865—1936 年）笔下"青灰丰腴林波波大河"的两岸便长有此树。[1] 那里据说还有至今仍然存活的最大猴面包树，树干周长达 47 米，这就是猴面包树的魅力所在。托马斯·帕克南（Thomas Pakenham）曾著有《壮丽的猴面包树》（*The Remarkable Baobab*）（2004 年）一书，书中不时地提及大树"葬礼"的习俗，当地人也将这些巨大古老的树木称为"木象"。

猴面包树本身具有浓厚的神话和创世特征。树木仿佛倒立生长，根部指向天空，难怪传道士、探险家大卫·利文斯通（David Livingstone，1813—1873 年）将其描述成"倒立的巨形胡萝卜"。非洲当地的理解则是：上帝创世，分给每种动物一种树，鬣狗分到了猴面包树，厌恶之余，鬣狗将其一扔，树木落下，树冠着地。圣埃克絮佩里抓住了猴面包树的生动意象，将其写进了《小王子》一书中。故事中，主人公解释了自己必须不停努力，才能将小小星球上的猴面包树控制住，否则这种树会吞噬和分裂这个星球。

澳洲对猴面包树的称呼稍有不同（boab，相对 baobab 而言）。2008 年巴兹·鲁赫曼所执导的电影《澳洲乱世情》将《是那猴面包树》作为片尾曲名。至于澳洲猴面包树的来源，一般的解释为马达加斯加的树种漂过印度洋，从澳大利亚西岸一路向东，进入内陆地区。虽然在北领地（Northern Territory）偶有发现，但格里戈里猴面包树仍是西澳大利亚金伯利地区的特有树种。猴面包树四季变化分明，当地原住居民据此分辨时节，因而也得名"历法树"。干旱来到，居民榨取树干汁液取水，种子果仁则成为食物来源之一。旅游业兴起后，猴面包树的果实也被当作装饰品售卖，正如第 56 页的插图中所示，这些坚果装饰品外壳刻上了蜥蜴、飞鸟和其他动物图案。

↑《可疑的友情》（或《友情不再》），2002 年
［坦］塞弗·拉什迪·基万帕（Seif Rashidi Kiwamba，1977— ）
珐琅漆木，100.3 厘米 ×96 厘米

这幅作品由坦桑尼亚达累斯萨拉姆的亭加亭加（Tingatinga）合作社生产，该公司关注源于坦桑尼亚南部的流行艺术运动和爱德华·赛义迪·亭加亭加（Edward Saidi Tingatinga，1936—1972 年）的作品。亭加亭加的作品多用珐琅漆在薄方板上创作。作品中成对出现的形象多次重复，但风格稍异。这幅作品还有一幅姊妹篇，名为《友情开端》，画面呈现了乌龟和斑马的"婚礼"，到贺的动物客人均为人类扮相。《可疑的友情》中，动物们在互相撕咬，背景中那棵巨大却中空的猴面包树喻示人际关系稍纵即逝。此类作品的意义在于呈现桑给巴尔岛和坦桑尼亚大陆之间持续的紧张关系，也揭示马赛各部落之间的分分合合。

桦树

树中淑女

拉丁学名：Betula

英文名：birch

斯塔卡桦树皮卷，约 8500 年前
发现于英国北约克郡皮克林谷
长 6.2 厘米

斯塔卡遗址因其稀有性和重要性被誉为"年代确切的远古丰碑"。

北欧、北美和亚洲部分地区生长着约 60 种桦树，化石年龄可追溯至 6500 万年前。在北美和欧亚大陆上一次大冰期后的中石器时代（约公元前 10000—前 6000 年）中，桦树因抗极寒，先于其他植物传播开来。英国北约克郡斯塔卡存有最重要的中石器时代考古学遗迹，年代估计在公元前 8770 年至公元前 8460 年之间。最近的发掘表明了该地是英国已知最古老的人类居住地，同址发现的还有一棵树皮完好的桦树。先前发掘出的桦树树皮卷可能是打渔时的渔网浮标，也可能曾用于制作容器或树脂。桦树因皮质轻且柔软而广受推崇，其树脂含量丰富，不易腐烂。

英国的桦树馆建于基尤皇家植物园的伯利恒森林中，地处萨塞克斯郡韦克赫斯特山庄，该馆旨在保存世界各地现存的不同桦树品种。北欧常见的树种称为垂枝桦（常称银桦）。人们认为欧洲白桦具有去陈净化的力量，因而将其奉若神明。有一种桦树名为毛桦（常称柔毛桦或白桦）。毛桦枝条扎紧成捆，包住一把斧头，便形成了 18 世纪晚期美国或法国共和人士使用的束棒——古罗马时期权力的象征。1919 年，墨索里尼的法西斯党将"束棒"放入了该党党徽。

← **扈从（政官随从）铜像，古罗马，约公元前 20 年—公元 20 年**
高 18.4 厘米

扈从一手持月桂叶，一手持"法西斯"束棒。束棒的棍棒象征杖刑，斧子象征斩首。

威尔士林中暮色，约
1904 年

[英] 詹姆斯·托马斯·
沃茨（James Thomas Watts，
1853—1930 年）

石墨及水彩，25.6 厘米 ×
20.7 厘米

生于伯明翰的沃茨深受约
翰·罗斯金和前拉斐尔画派
的影响。

坎特伯雷圣奥古斯丁传教士博物馆收藏
长 35.1 厘米

1858 年前圣公会传教士搜集到的桦树皮卷之一，原属于明尼苏达州奇瓦（Chippewa）或欧吉布阿部落男性，人称"坏男孩"。欧吉布阿为美洲东北部林地部落，17 世纪迁入五大湖区。这些刻满图案的桦树皮卷传达的是"米德维温"（Midewiwin，印第安部落巫师神秘组织的别称）的萨满教旨，内容涵盖了创世和迁徙的诸多圣神传说，并包含多首歌谣。

↓ 三十只桦树皮套篮，1725—1740 年

高 35 厘米

此桦树皮套篮原由克利人制作，后辗转到哈德逊湾的克里斯托弗·米德尔顿上校（Christopher Middleton，1770 年辞世）手上。哈德逊湾是当时的毛皮交易中心，大体位于今马尼托巴（Manitoba）北部，安大略和魁北克地区。这副套篮是汉斯·斯隆爵士大英博物馆赠藏之一，爵士长期对亚北极和哈德逊湾较为关注。

↓ 各式盒篮及独木小舟，1880 年之前

北美奥达瓦印第安人制

材料主要为桦树皮和刺猬针，小舟长 113 厘米

北美铁路网不断延伸，尼亚加拉瀑布、大湖区旅游业发展起来，北美印第安人的工艺纪念品市场兴起。图中的这些手工艺品由耶稣会传教士带回了兰开夏的斯托赫斯特学院，后于 2003 年入藏大英博物馆。

树叶及鸟图案，克利咬树皮制品

[加] 安吉利科·莫拉思迪（Angelique Merasty，1927—1990/96 年，萨斯卡奇万省克利人）

桦树皮，20.5 厘米 ×16.5 厘米

将薄桦树皮对折，用牙齿咬后留下的对称齿印形成图案。

　　美洲白桦为美国和加拿大特有，常见的称呼有纸皮桦及独木舟桦两种——用途确如树名所言。约翰·伊夫林在《森林志》（见第 13 页）中提及加拿大的一种树，"树皮可供书写"。[1] 汉斯·斯隆爵士的藏品中就有一本"1710 年威廉·克拉克·瑟金先生（Mr. William Clerk Surgeon）所制纽芬兰树皮书"（现藏于大英博物馆）。伊夫林也曾描述道："北美新英格兰地区原住民使用杉树根制线将这种树皮缝制拼接，制作独木舟、盒、桶、壶、碟，走线极有特色。各种家居用品如篮筐、包袋等也在其中。只是树皮色泽更暗一些。"1856 年，亨利·沃兹沃思·朗费罗（Henry Wadsworth Longfellow，1807—1882 年）写《海华沙之歌》史诗，英雄海华沙呼唤黄桦树贡献树皮，以供其制作独木舟。

　　加拿大东北部沿海诸省和新英格兰北部丛林地带操阿尔贡金语（Algonquian）、欧吉布阿语（Ojibwa）和克利语的地区有一种古老的技艺——咬桦树皮。上述地区的人们也向西迁入五大湖周边。桦树皮被咬成各种图案和形状后，用做讲故事道具或制作羽毛和串珠工艺品。

**桦树习作，1820—
1821 年**

［英］约翰·康斯坦布尔
（John Constable，1776—
1837 年）

石墨，23.3 厘米 ×15.8
厘米

康斯坦布尔对树木兴趣浓
厚，习作中树木题材居多，
且名为《树肖像》，这幅可能
作于其居威尔特郡索尔兹伯
里期间。

柯尔律治❶1802 年的诗作《画或爱人的决意》中有"哭泣的桦树（最美）/ 林中的淑女"的诗句，恰与康斯坦布尔❷20 年后的画作中的"诗意"相吻合。这些气质也给予新英格兰诗歌大家罗伯特·弗罗斯特（Robert Frost，1874—1963 年）灵感，佳作因此诞生。《桦》（1915 年）开篇描写冰雨压弯了树木，它们好像"跪着的女子双手撑地 / 向前齐甩头发 / 扬过头顶让阳光晒干"，诗句接着转向对生命像"荡桦树"一般重新开始的哲学反思。

我曾经也是一个荡树的人，
因此我梦想回到那个时辰。
那是当我厌倦了思考的时候。
生命太像一座没路的森林
······
我真想离开人世一会儿，
回来后再重新开始。²

白林（银桦），2000 年
［美］罗伯特·基普尼斯（Robert Kipniss，1931— ）
铜版画，美柔汀，60.5 厘米 ×45 厘米

63

❶ 塞缪尔·泰勒·柯尔律治（Sammuel Taylor Coleridge，1772—1834 年），英国诗人、评论家。——编者注

❷ 约翰·康斯坦布尔（John Constable，1776—1837 年），19 世纪英国最伟大的风景画家之一。
　　　　　　——编者注

构树

魅力树皮布

拉丁学名：Broussonetia papyrifera
英文名：paper mulberry

起源于东亚地区的造纸术之所以能引领世界，构树贡献巨大。公元 2 世纪时中国的造纸术已非常先进，公元 200 年至公元 400 年间，造纸术向东传入韩国和日本。构树命名者为法国自然学家皮埃尔·布鲁索内（Pierre Broussonet，1761—1807 年）。该树种与常见乔木和灌木——桑树关系密切。不过，桑树为桑属（见第 118 页），这两种树都属于桑科。

构树下皮组织纤维长，可加工成牢固、分层、柔软的纸张，至今仍需求量巨大。1690 年至 1692 年期间，德国医学家兼自然学家恩格尔贝特·坎普法（Engelbert Kaempfer，1651—1716 年）受雇于荷兰东印度公司前往日本，成为第一位描述日本花卉的欧洲人。他写道："构树原为野生，后因需求量大，开始农田种植。它生长迅速，树皮产量高。经过多道繁复工序，树皮变为纸张，再加工成火柴引线、绳索、各种物料、服装等。"[1]

构树是中国 7 世纪纸币产生的条件之一。中国纸币在元朝（1206—1368 年）成为主要流通货币，给威尼斯商人马可·波罗留下了深刻印象。明清时期（1368—

构树与山羊，约 1770—1780 年
[日] 矶田湖龙斋（Isoda Koryûsai，1735—约 1790 年）
彩色雕版印刷，25 厘米 ×18.1 厘米

画中的桑树及长毛羊持续出现于橘守国（Tachibana Morikuni，1679—1748 年）著名插画集《素描宝囊》的多个页面。该书 1720 年首次出版，1770 年重印。

64

1911 年），纸质货币可能过于精巧，人们更倾向于使用触感更为粗糙一些的（白）桑树皮制纸。当时桑树种植旨在提供桑叶养蚕。[2] 造纸技艺的首次详细引介出现在 1637 年的《天工开物》中。朝鲜语中称构树皮造出的纸为"Hanji"（韩纸）。这种纸早在朝鲜三国时代（公元前 57—公元 668 年）就开始用于各种手工艺品的制作。

这里展示的烟袋和扇子体现了韩纸制品的家常和精巧。烟草据说在 17 世纪早期由荷兰人引入朝鲜，烟斗的使用此后迅速推广开来，普及程度之高，外国访客多有评论。近来（2012 年 6 月至 7 月），纽约有称作"韩纸变形记"的研究项目就是从韩纸中得到灵感，项目也因此聚集了不少艺术家、时尚设计师、建筑师和音乐家。

英格兰 18 世纪中期的构树种植主要用于遮阳和美化，构树种来自中国。

沿着太平洋东岸，构树传入波利尼西亚和美拉尼西亚，成为塔帕布（tapa，夏威夷称为"kapa"）、树皮布的原料。塔帕布主要用于各种仪式及供应旅游市场销售，受到 18 世纪欧洲游客的青睐。树皮布的魅力，从 1787 年出版的《库克船长三次发现之旅布料收藏样品目录》中即可窥见一斑。无论原料选取、纹样创作，还是生产，女性在树皮布的制作中都

烟袋，朝鲜王朝时期（1392—1897 年），成品于 1888 年前
出自朝鲜半岛
构树皮制油纸

扇，朝鲜王朝时期（1392—1897 年），成品于 1888 年前
出自朝鲜半岛
构树皮、光漆、竹制成，带柄长度 37.8 厘米

上述烟袋与扇子由 1885 年时任英国驻汉城（今首尔）总领事托马斯·瓦特斯捐赠给大英博物馆。

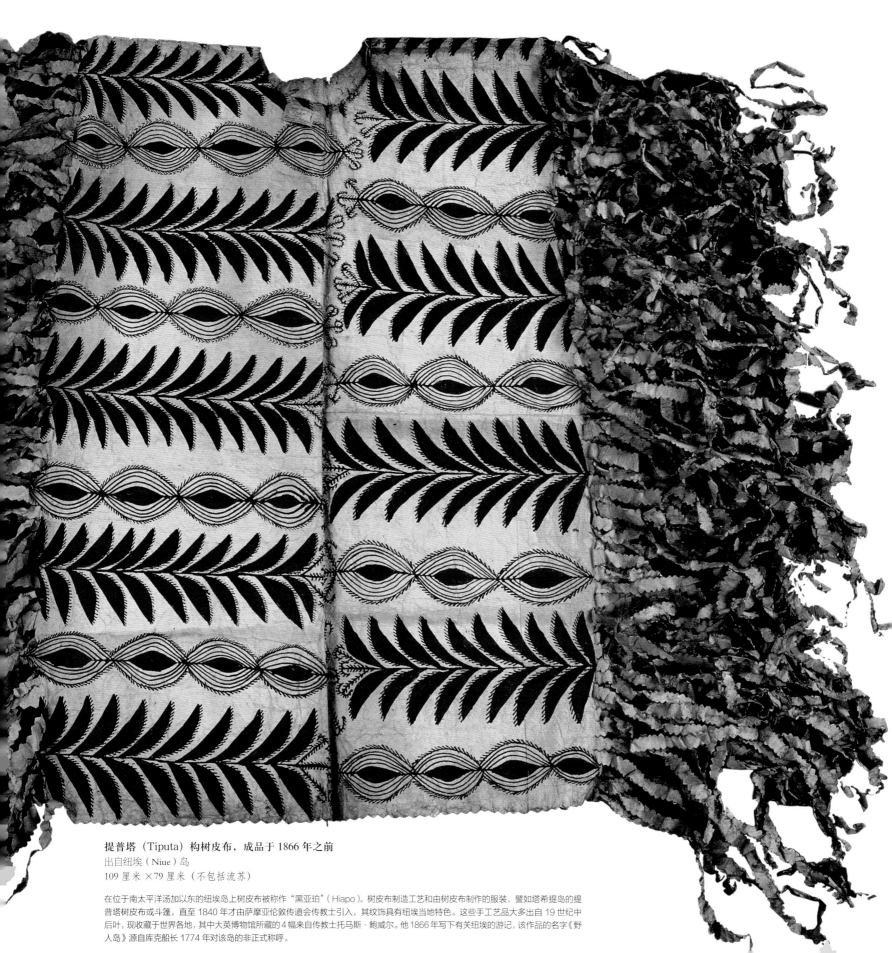

提普塔（Tiputa）构树皮布，成品于 1866 年之前
出自纽埃（Niue）岛
109 厘米 ×79 厘米（不包括流苏）

在位于南太平洋汤加以东的纽埃岛上树皮布被称作"黑亚珀"（Hiapo）。树皮布制造工艺和由树皮布制作的服装，譬如塔希提岛的提普塔树皮布或斗篷，直至 1840 年才由萨摩亚伦敦传道会传教士引入，其纹饰具有纽埃当地特色。这些手工艺品大多出自 19 世纪中后叶，现收藏于世界各地，其中大英博物馆所藏的 4 幅来自传教士托马斯·鲍威尔。他 1866 年写下有关纽埃的游记，该作品的名字《野人岛》源自库克船长 1774 年对该岛的非正式称呼。

占据了主导地位。波利尼西亚女性的地位很高，在各种祭祀仪式上，酋长穿衣和神像包裹安放等复杂礼仪均由女性完成。

　　塔帕布由 19 世纪以来广为种植的构树内侧树皮制成，历经浸泡软化、薄片槌制（用与毛毡相接）、日照去色和植物浸染等工序。塔帕布曾经是一些岛屿的主要布料来源，如斐济、汤加和塔希提。如今，每当举行仪式和节庆日，人们仍然会穿着塔帕布做的服装。另外，塔帕布也大量供应旅游市场。

← 帕利西亚手扶构树，1978 年
[德]凯特莎·斯库洛舍（Katesa Schlosser, 1920—2010 年），
拍摄自西萨摩亚萨瓦伊
卤化银照片 30.4 厘米 ×20.3 厘米

→ 汤加人正在加工塔帕布，1889—1890 年
玻璃底片，12 厘米 ×16.4 厘米

黄杨

制琴良材

拉丁学名：Buxus
英文名：box

黄杨广泛分布于欧洲、非洲西北部、马达加斯加、亚洲、南北美洲，常见品种为锦熟黄杨。英国最大的土生黄杨林地位于萨里北当斯山脉的黄杨山。那里自 17 世纪以来一直以风景优美而闻名。黄杨生长缓慢，因而木质紧实坚硬，适合制作箱柜、科学仪器、乐器、小件收纳箱、棋子、细木制品、木雕和印刷母版。希腊语中，"Pyxos"意为"盒子"，好像树木中的盒子，"pyxis"的意思就是"黄杨木盒子"。因此"pyx"一词用于黄杨木制成的小型容器，过去多用于盛装带给病患的圣餐。

黄杨的特性在西特琴的制作中得到了充分的利用。西特琴是一种非常重要的中世纪乐器，弹奏方式类似吉他，只是弹奏使用拨片。西特琴出现之后约 250 年，演变成了小提琴，从意大利来到英国王室。本页图中的西特琴原始部件，包括背部、侧面和琴颈等，均由一整块黄杨木雕刻而成。琴的侧面做工极其精巧，常刻有橡树和山楂树图案，并且再现了不同时节的劳作情景和节庆活动，如五月节的猎兔。

与手稿插图、石刻和木刻相比，这些木雕图案更将这件乐器的年代往前推至 1310 年至

西特琴，约 1310—1325 年
黄杨木，长 61 厘米

西特琴侧面雕刻细节，内容为猪倌敲下树上的橡果喂猪。

1325 年。那时西特琴在爱德华二世（1307—1327 年在位）的宫廷大受欢迎。从西特琴到小提琴的演变，与莱赛斯特伯爵罗伯特·达德利（Robert Dudley）和伊丽莎白一世女王有关，琴板镶银边圆盘内刻有女王纹章及"1578"字样。1578 年正好是达德利与勒丝·诺里斯秘密结婚之年。其中的一种说法是，此琴由伯爵赠予女王，以平息她对宠臣密婚的怒气。西特琴到小提琴的改造可能由亨利八世从威尼斯请到伦敦的乐器制作名家巴萨诺家族（Bassano）担纲。亨利八世曾一心想让英国宫廷的音乐标准向意大利和法国看齐。[1]

与象牙一样，黄杨木也是微雕的良材，并且成就了中世纪晚期和文艺复兴时期不少形象饱满丰富的微雕艺术品，成为身家丰厚者的个人宗教供奉，如刻有整部经文的念珠，微型的神坛，这些作品惟妙惟肖，既是宗教用品，也是奢侈品。

18 世纪末到 19 世纪初，独特的端面纹理使得黄杨木成为小型书籍插画创作的好选材。威廉·布莱克 1821 年为一本《维吉尔田园诗歌》(*The Pastorals of Virgil*)学生版的配图即采用了这种技巧。不过，他此举激怒了出版人，此法印出的插图是黑底白图案，与常规的白底黑图案正好相反。但是年轻的塞缪尔·帕尔默（见第 52 页）却为这些插图着迷。他写道："这些插图好像微型的葱郁峡谷，宁静的港湾，天堂的一角，格调精致，诗意浓烈。"[2]

黄杨木微雕神龛，1511 年
佛兰芒人（Flemish）制作
高 25.1 厘米

作品中再现了基督的一生和受难情景。

↑ 安布罗斯·菲利普斯的作品《特诺和克利内特，仿牧歌一号》插图，选自罗伯特·索顿（Robert Thornton）的《维吉尔田园诗歌》，1821 年

［英］威廉·布莱克（William Blake，1757—1827 年）

雕版印刷，34 厘米 ×73 厘米

← 安布罗斯·菲利普斯作品《特诺和克利内特，仿牧歌一号》插图，选自罗伯特·索顿的《维吉尔田园诗歌》，1821 年

［英］威廉·布莱克（William Blake，1757—1827 年）

木刻，15.7 厘米 ×8.5 厘米

雪松

气味芳香，难得之材

拉丁学名：Cedrus
英文名：cedar

真正的雪松属松科，包括四种：（一）大西洋雪松，生长在阿尔及利亚和摩洛哥的阿特拉斯山；（二）塞浦路斯短叶雪松；（三）喜马拉雅山脉西麓的喜马拉雅雪松；（四）分布在黎巴嫩、叙利亚和土耳其的黎巴嫩雪松。其他也称作"雪松"的树木实际上属柏科（见第88页），包括美国东部的桧柏，也就是常见的包着石墨芯的"铅笔雪松"木。

真正的雪松中，黎巴嫩雪松名声最响。史诗《吉尔伽美什》中，主人公与同伴恩奇杜历经险阻到达雪松林。此林由"大地主神"恩利尔神分派怪兽洪巴巴看守（"于是，为保护雪松，恩利尔便让它威吓人类"[1]）。

> 他俩站在那里，眼前的森林令他们无比惊异。他们端详着那高高的雪松……雪松山在眼前，众神的王座就在那山上，雪松带来的丰盈，让山峰绿树成荫，惬意神怡……他（吉尔伽美什）杀死了怪兽，那松林的护卫……

他到森林里肆意踩踏，是他发现了众神的秘密居所。吉尔伽美什伐树，恩奇杜则负责选材。[2]

吉尔伽美什最终还是获得了智慧，不过，他之前对自然不加区分地破坏却代表了对黎巴嫩山大雪松林毁坏的开端。那里仅存的几处雪松林——"圣林"已于 1998 年列入联合国教科文组织世界遗产名录。据记载，自公元前 3000 年开始，西亚各王国中就存在雪松贸易。当时雪松在美索不达米亚皇家铭文中是被掠夺和推崇的物资之一，埃及人是雪松的主要消费者。公元前 710 年，伊拉克北部豪尔萨巴德的萨贡二世（Sargon II）王宫中有浮雕就以"为埃及人砍伐黎巴嫩林木"为主题，这一浮雕现收藏于罗浮宫。由于气味芳香，防腐性能优异，雪松脂常用于制作木乃伊和棺木，也用于药材和薰香的制备。

雪松树木修长，且抗白蚁，是造船、建宫殿和寺院的良材。最著名的雪松木建筑为所罗门王在耶路撒冷的宫殿（见第 74 页乔达诺的画）。雪松林遭受的破坏之严重，促使哈德良（Hadrian，117—138 年在位）皇帝于公元 123 年颁布黎巴嫩雪松保护令。17 世纪，约翰·伊夫林借用雪松资源的枯竭来说明合理林业管理的重要性：

> 约瑟夫斯告诉我们，古犹太山的雪松由所罗门开种……然而，从一位陌生的旅人那里我得知，现今圣林中只剩下不超过二十四棵这样的树木。强悍的王子驱使那八万伐木工，却只为聚齐区区一座神庙和一座宫殿的建材。这个教训如此深刻，如果树木的繁育不把握时机，没有持续性，那么时间流逝，疏于看护，毁灭自会到来。[3]

漆制雪松棺木，中王国十二王朝（公元前 1985—前 1555 年）

来自埃及中部底比斯内科坦科的达尔埃尔巴赫里

长 212 厘米

棺椁绘有双眼的一侧朝东，以利逝者看到日出。

19 世纪下半叶在尼尼微、尼姆鲁德、豪尔萨巴德和巴拉瓦特城堡的考古发现，印证了亚述诸君王大兴土木的雄心壮志使他们对雪松的需求量一直都居高不下。腓尼基人从地中海东岸带来的雪松被做成了房梁和门支架，类似《吉尔伽美什》中描述的那样：做一扇门，高六杆❶，宽两杆，厚一腕尺❷，门柱、门闩从上至下用整根木材做成。⁴ 巴拉瓦特的一处铭文描述了亚述国王纳西尔帕二世（Ashurnasirpal Ⅱ，公元前 884—前 859 年）为建造梦神玛姆神殿"前往黎巴嫩山，砍下雪松、柏树和桧树。雪松做成了神殿的梁和门，用铜带捆缚，挂上门头"。⁵ 1878 年，霍姆兹德·拉萨姆❸为大英博物馆发掘出巴拉瓦特大门。该门由沙尔马那塞尔三世（Shalmaneser Ⅲ，公元前 858—前 824 年在位）❹下令建造安装。如今，修复之后的壮观殿门附近展示着原来的青铜浮雕，以标示原定的安装位置。

威廉·莎士比亚的剧目《辛白林》结尾处真相大白，占卜师将神秘签纸上的信息看作未来红运的预言：

庄严的古柏代表着你，尊贵的辛白林。你砍下的枝条指着你的两个儿子，他们被培拉律斯偷走，许多年来，谁都以为他们早已死去，现在却又复活过来，和庄严的柏树重新接合，他们的后裔将要使不列颠享着和平与繁荣。⁶

莎士比亚的树木知识应该都来自《圣经》或文学经典著作，而非实地亲身接触，因为雪松 1638 年才引入不列颠。那一年，牛津大学阿拉伯语学者爱德华·坡科克（Edward Pococke）种下了从叙利亚带回的一粒种

↑ 所罗门迎接推罗王送来神殿用材，约 1695 年
[意] 卢卡·乔达诺（Luca Giordano，1634—1705 年）
黑色粉笔及灰褐色淡墨，30 厘米 ×42.5 厘米

这位那不勒斯画家受西班牙皇室所托创作宫廷装饰画，此幅为所罗门生平系列画作之一。

↓ 药用植物园，1840 年
[英] 威廉·詹姆斯·穆勒（William James Müller，1812—1845 年）
水彩，30.9 厘米 ×49.4 厘米

❶ 一杆约为 5 米。——译者注
❷ 古代长度单位，约等于 20 英寸，约合 50 厘米。——译者注
❸ 霍姆兹德·拉萨姆（Hormuzd Rassam，原文为 Rassan），疑有误。——译者注
❹ 是纳西尔帕二世的儿子。——编者注

74

雪松

［荷］雅各布斯·范海瑟姆（Jacobus van Huysum，1687/9—1740 年）

水彩及水粉，37.5 厘米 ×26.5 厘米

1723 年开始，英国园艺师协会每月召开会议，登记注册植物名称，此图连同其他 140 幅收录于同一册植物名录。协会会员在切尔西的纽赫尔咖啡馆会晤，最终目的是编撰囊括英格兰所有外来物种的完整图册。

子。18 世纪晚期，黎巴嫩雪松成为各大公园认同的最佳景观树。景观设计师，如万能的布朗等，将雪松置于各种奇景之中。1683 年，切尔西药用植物园（见第 16 页）种下了四株样本树，1771 年被砍掉两株，19 世纪 70 年代和 1904 年第三株、第四株也遭砍伐，后两株曾出现在威廉·詹姆斯·穆勒（William James Müller）1840 年的园景作品中。1722 年至 1771 年，在主园艺师菲利普·米勒的栽培下，黎巴嫩雪松第一次结出松果。这一突破令汉斯·斯隆爵士在 1729 年也亲自摘下长有九个松果的一枝，展示给了皇家学会的院士们。那一枝估计与雅各布斯·范海瑟姆为园艺师协会所画的插图比较类似，其所在图册后来也由斯隆爵士于 1753 年赠予了大英博物馆。

椰树

全身是宝

拉丁学名：Cocos nucifera

英文名：coconut

→ **塔希提岛一景，1773 年**
威廉·霍奇斯（William Hodges，1744—1797 年）
钢笔灰墨及水彩，36.8 厘米 ×53.9 厘米

此画题记为：从陆地上看塔希提岛，远处的珊瑚礁及海面，好似浅礁岛群，眼前都是当地特有的椰子树，一派自然天成之景，霍奇斯作于 1773 年。（霍奇斯 1772 年至 1775 年间任库克船长第二次发现之旅船队的制图员。）

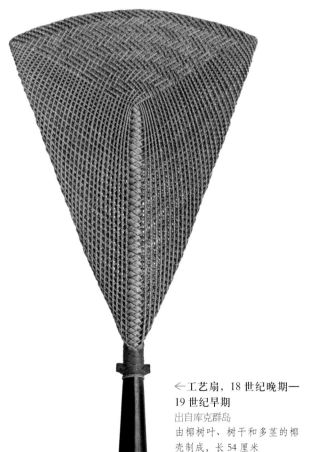

← **工艺扇，18 世纪晚期—19 世纪早期**
出自库克群岛
由椰树叶、树干和多茎的椰壳制成，长 54 厘米

椰树是椰子属中唯一的一种，属棕榈科，在植物科中最古老，且最多样化，用途十分广泛，全身都是宝，因而名声在外。梵文中，椰树被称为"日常生活之源"；马来文中，椰树"集干种用途于一身"；而在菲律宾，人们则称之为"生命之树"。

椰树据说来自印度洋。13 世纪末，马可·波罗成为第一批介绍椰树的欧洲人，他声称自己在苏门答腊岛、尼科巴群岛、安达曼群岛、马德拉群岛见过这种"印度果子"。"Cocos"一词到 16 世纪初才传到欧洲，它来自"Coco"一词，西班牙和葡萄牙语意思都是"笑脸"，只因椰子底部有三只"眼睛"。人类的携带，加上可远距离漂洋过海生根发芽，椰子在赤道地区广为传播，在太平洋、美洲部分地区、马达加斯加和非洲均广泛分布。15 世纪末，葡萄牙人探索出沿好望角绕过非洲到达西印度群岛的路线之后，椰树也传到

铜匾额，1500—1600 年
发现于尼日利亚贝宁城，
50 厘米 ×37.5 厘米

贝宁国王欧巴宫殿群外墙大量
装饰匾额中的一块。

了西非。

　　欧洲人 18 世纪在太平洋的探险活动为该地区椰树的分布和使用提供了佐证。塔希提的社会岛（库克船长命名）最为突出。该岛宛如人间天堂，物产之丰富，环境之优美，椰树皆功不可没。椰子不仅是长途航行中船员所需大量清洁饮料的来源，也是各种物资分配的容器。1789 年，"邦蒂号"叛变事件后，被放逐的布莱船长曾使用椰子壳逃生。2002 年，这枚椰子壳也被收入伦敦国家海洋博物馆。据记载，威廉·布莱船长在 1793 年将两枚椰子壳从塔希提岛带到了基尤。

　　19 世纪的其他航行同样记载了椰子的重要性。比如奥地利巡防舰"SMS 诺瓦拉号"1857 年到 1859 年的环球航行就曾有下列记载：

　　　　目前（1857 年），椰树是卡尔尼科巴（位于群岛北端，人口最多）当地居民种植的唯一作物，满足了人们对饮食起居的各种要求；另外椰树还用于制作家具或对外商务往来。这种树的树干看似单薄……其硬度和强度却足以胜任棚屋、帆船的梁栓和桅杆的角色。树皮和外壳纤维（商业上称为椰棕）可制成缆索和缆绳；而树顶那形如扇子的椰树叶，则可以铺垫屋顶和编成篮筐；椰子的汁液让当地人从未感受无泉可饮。丛林中与世隔绝的日子里，清洌的椰汁是唯一可以提神的饮品。果实成熟后的果仁干燥压榨后，可提炼出芬芳、透明、无味的椰油，当地人常用椰油涂擦皮肤和头发。椰油也成为对欧贸易的重要商品，每年通过外国商行出口的椰油达到 500 万只椰子的榨取量，以换取欧洲的布匹。[1]

　　库克船长在 1768 年至 1771 年及 1772 年至 1775 年两次发现之旅获得的物品经初步挑选，由海军部配以文字说明后进入了大英博物馆的南大洋和塔希提展室。这些来自太平洋的手工艺品初次亮相便引起强烈反响。随着传教士活动、殖民属地管理、海军人士造访次数的不断增多，19 世纪到 20 世纪人们对太平洋文化的兴趣渐浓，人类学家紧随其后。直至今天，太平洋实地考察，包括对各种研究素材的获取，仍是大英博物馆的主要工作之一。

　　榨取椰油后所剩的干椰肉，也称椰干，是 19 世纪以来制皂行业的宝贵原料，制皂过程中产生的副产品还可以用作家畜饲料。

　　椰干贸易也激发了罗伯特·路易斯·史蒂文森[1]《弗丽莎海滩》

① 罗伯特·路易斯·史蒂文森（Robert Louis Stevenson，1850—1894 年），苏格兰随笔作家、诗人、小说家、游记作家、新浪漫主义代表。一生多病，却酷爱冒险。游历为其创作积累了素材。——编者注

↑ 椰树照片，1880 年
拍摄自萨摩亚
蛋白照片，10.3 厘米 ×6.2 厘米

↓ 卡瓦（Kava）社交饮具，19 世纪
出自斐济
椰壳（容器）及椰棕纤维（抹嘴片），直径 11.1 厘米

卡瓦辣椒有镇静作用，因而为太平洋岛国居民所用，粉剂和溶液均有。卡瓦在医药、宗教、政治、文化、社会层面均有特定意义，制作和使用卡瓦的用具也相应占据重要地位。

（1893 年）的创作灵感。他另撰《历史的脚注：萨摩亚八年困境》（1892 年），关注椰树种植业的纷争。该书与作目的在于回应德、英、美三国在萨摩亚群岛内战中觊觎填补权力真空。萨摩亚的商贸经济被一家德国种植业公司所控制，对岛民而言，就是所谓的"利立浦特小人国中的巨人格列弗"——"七八百人劳作，生产三至五年的订单产品，只为了虚无缥缈的每月几块钱的工资。驾车进入德国的种植园，看不到一丝绿植物的生机，灵魂也已沉睡不醒。眼前只有空洞无边的权力，绵延十几里的椰子街巷，简直是食物的荒原。"[2] 史蒂文森所推崇的政治方案最后并未实现。1899 年德美两国瓜分了萨摩亚，作为补偿，英国则获得了德国在汤加、所罗门群岛和西非的让步。

菲律宾、印度尼西亚、印度和巴西是当今世界最大的椰干生产国。不过椰树作为经济作物至少在全球 80 个国家种植，其中包括太平洋上的巴布亚新几内亚、所罗门群岛和瓦努阿图、马来西亚、马尔代夫（椰树出现在国徽上），还有莫桑比克、坦桑尼亚以及西非地区。

山楂

从迷信残余到国王的徽章

拉丁学名：Crataegus
英文名：hawthorn

与山楂同属者多达百种，主要分布在欧亚、北美的温带地区。中世纪的英格兰，山楂围篱比较常见。全英最闻名的山楂树位于萨默塞特郡格拉斯顿伯里。这是一株李花英国山楂，为普通山楂的一种，春冬两季为花期。这种山楂树享有特殊地位的原因在于它与将耶稣遗体从十字架放下，并安排殓葬的亚利马太的约瑟有关。这一说法自中世纪就已开始流传，虽然故事中加入山楂树元素是 16 世纪初的事。威廉·布莱克也许读过 18 世纪晚期的一本无名小册子：

锐刺山楂，现称英国山楂，1776 年

[英] 玛丽·德拉尼（Mary Delany，1700—1788 年）

植物拼贴画：黑色墨水底、彩纸、水彩、树胶水彩，
24.1 厘米 ×19.4 厘米

> 约瑟被命定派遣到英格兰传播福音。按照神的吩咐，他在卓帕乘船，航程中历经各种艰辛，多次遭遇风暴，终于渡过地中海。终于，那天他在萨默塞特郡巴罗海湾上岸，又向前行了 11 英里，来到了同郡的格拉斯顿伯里。他正要把自己朝拜的物品放到地上，就在物品触地的那一刻，好像亚伦神杖一样（只要亚伦要与其他犹太读书人论争时，他的权杖就会开花），这些东西立刻变成了一棵开花的山楂树。这神奇的一幕吸引了众多人前来观看，并仔细聆听他传播福音，聆听他讲述耶稣为了人类的救赎献身的事迹。[1]

英国内战期间，克伦威尔的部队认为格拉斯顿伯里的山楂树是迷信的残余，于是将其砍倒烧毁。不过后来人们还是补种了一棵，并且声称补种的山楂树由原先的树移植而来。18 世纪早期，山楂树的种植继续推广，插枝生意也欣欣向荣。"帕斯考先生告诉我们，他听说格拉斯顿伯里有一个山楂苗圃经营者，一根插枝要么标价高达一个克朗 ❶，要么随意要价，皆有成交。"[2]

❶ 约合 25 便士。——译者注

80

亚利马太的约瑟向不列颠居民传道，选自《设计大手册》（1793—1796 年）

［英］威廉·布莱克（William Blake，1757—1827 年）

手工着色浮雕蚀刻，7.2 厘米 ×10.8 厘米

图中的约瑟手持信徒权杖，期待圣迹显现，权杖变为开花的山楂树。

1485 年博斯沃思战役结束后，亨利七世将山楂树元素放进了自己的徽章，只因据说理查三世的英格兰王冠取自山楂树，也藏于山楂树中。不过，山楂树与节庆的最普遍联系与迎接春天的到来有关，尤其是五月节的庆祝活动。五月节活动丰富多彩，既有法国中世纪宫廷的文学惯例，也有维多利亚全盛时代的传统重塑。《爱之宫廷》是一首 16 世纪初的仿拟长诗，据说作者为乔叟，其结尾处便描绘了五月节的仪式：

于是人们尽情歌唱，

我看庆祝早已开张。

宫中不论贵贱幼长，

枝头盛开鲜花芬芳。

那山楂树神采飞扬，

衬托花冠清俊疏朗。

好一派热闹欢娱景象。[3]

英格兰共和政体时期，五月节和圣诞节等类似异端"迷信"活动遭禁。1660 年君主制复辟后恢复。19 世纪末，端庄的五月皇后取代了五月贵族和贵妇不雅的形象，由人装扮"绿杰克"树的做法也弃用了。1881 年，约翰·罗斯金（见第 51 页）在切尔西怀特朗学院启动了五月节庆祝仪式。怀特朗 1841 年由英格兰教会国民协会建立，是一所致力于培养女教师的大学。

牧师约翰·平彻·方索普（John Pincher Faunthorpe）对工艺美术运动兴趣浓厚。他委托威廉·莫里斯❶和爱德华·伯恩-琼斯❷负责教堂的绘画工作。与亚瑟·赛弗恩一道，伯恩-琼斯设计了多个版本的"怀特朗十字架"，每年五月节庆祝时由罗斯金献给全院学生选出的"最喜爱""最可爱"的"五月皇后"。

欧洲多地的五月节在民间故事和人类学专著中都有收录，如 19 世纪末 20 世纪初的詹姆斯·弗雷泽爵士（见第 24 页）。这些故事常被视作"大自然具有生命"的思想痕迹。在这样的思维方式下，树木或其他植物有了灵魂，有了人性，五月节在 1890 年后更加神化。当年为了争取每天 8 小时工作制，自美国开始，世界各地纷纷兴起了各种运动。1891 年，英国第一次庆祝五月节。沃尔特·克莱恩❸曾有激昂的诗作以示纪念："各国工人团结起来！／在人民的土地上／为着自由、平等和友爱。"克莱恩热衷于自然象征主义，因而还催生了一批以五月节为主题的诗作，其中有约翰·理查德·卡佩·维斯（John Richard de Capel Wise，1831—1890 年）的《五月一日：仙女的假面舞会》。克莱恩为该书创作了插图，主要取材自其在诺丁汉郡舍伍德森林的一次写生。1881 年出版后，两位作家、美术家将其献给了查尔斯·达尔文。

← "绿杰克"树游行，约 1840 年
佚名
石墨底，钢笔褐墨及水彩，27.8 厘米 ×21.3 厘米

"绿杰克"舞者身着树叶装，两侧分别站着国王和王后，后面为小丑，前面走着两个装扮成烟囱刷的儿童。

❶ 威廉·莫里斯（William Morris，1834—1896 年），英国 19 世纪设计师、诗人、早期社会主义活动家。——编者注

❷ 爱德华·伯恩-琼斯（Edward Burne-Jones，1833—1898 年），英国画家、彩色玻璃和马赛克设计师。——编者注

❸ 沃尔特·克莱恩（Walter Crane，1845—1915 年），英国著名插画家。——编者注

← 怀特朗山桂花形十字架，约 1887 年
[英] 亚瑟·赛弗恩（Arthur Severn，1842—1931 年）
金质，高度 7.8 厘米

← 五月节明信片设计稿，1874 年
[英] 沃尔特·克莱恩（Walter Crane，1845—1915 年）
水彩及黄金，5.9 厘米 ×8.9 厘米

↓ 劳动者的胜利，1891 年
[英] 沃尔特·克莱恩（Walter Crane，1845—1915 年）
木刻，34.2 厘米 ×81.3 厘米

柏树

凭吊伤怀，千古悠悠

拉丁学名：Cupressus

英文名：cypress

↑ 库帕里索斯，选自《田园之神六种》（1565 年）
［荷］科尔内里斯·科特（Cornelis Cort，1533—1578 年），临刻，［荷］弗朗斯·弗洛里斯（Frans Floris，1517—1570 年）原作，出版人为安特卫普的莫斯·科克（Hieronymous Cock，约 1510—1570 年）
雕版，28.5 厘米 ×22.3 厘米

❶ 原文为 "Cyparissus"，音为 "库帕里索斯"。——译者注

"喧闹中柏树来到，好似跑道上的锥筒。眼前的这棵树从前却是音乐与骑射之神宠爱的年轻人。"俄耳甫斯（见第 43 页）弹奏的美妙音乐能召唤树木，其中就有奥维德命名的"柏树"❶。柏树源自一位名叫库帕里索斯的年轻人。他无意间弑杀了一头公鹿，那头鹿是卡泰亚精灵的圣兽。悲痛之余，库帕里索斯祈求众神允许他永远哀悼，于是，"无止境的哭泣耗干了他的心血。他四肢变绿，头发日益卷曲，霜染眉毛，粗硬僵直，上指星空。眼见如此，阿波罗神叹道：'你哀悼他人，一直与伤怀之人为伴，我来哀悼你。'"[1]

奥维德所称的柏树属于地中海柏木（又称万古柏），常称为意大利柏。不过，柏树并不起源于意大利。据传，柏树是由爱琴海及地中海东岸的伊特鲁里亚人引进的，柏树在塞浦路斯、克里特、希腊、土耳其、黎巴嫩和叙利亚较为普遍。罗马郊外阿尔班山中的内米圣林中柏树占了一定比例，因而成为艺术家眼中意大利风景的标志（见第 53 页）。柏树与死亡的联系从古至今均有，无论在基督教还是伊斯兰教的墓园中，都可见到柏树。

老普林尼对柏树却并不十分热心，他说："柏树怪异，且种植难度大，加图对此介绍较多。可见柏树生长极其缓慢。柏果无用，偶有误尝者，必作苦脸。柏叶亦苦，树干散发刺鼻气味。就连树荫也毫无宜人之处，木质亦不轻盈。"[2]当然，老普林尼也提及了柏树能在古代广为种植的原因。与

↑ 第纳尔银币，古罗马帝国，公元前 43 年（恺撒遇刺之年）
最大直径 1.8 厘米

银币正面是狩猎与森林女神狄安娜，背面印的是狄安娜、赫卡忒、塞勒涅三位女神的群像。三位女神俨然站立在柏树林前。赫卡忒、塞勒涅分别为魔法女神和月神，二者为前罗马时期的女神，常与森林女神狄安娜一同供奉。

柏树与妇女，对页是花朵图案，选自《简明特克斯族谱：王公贵族、征战功过、宗教习俗》画册，1618 年

水彩，19.9 厘米 ×13 厘米（单页）

画册辑录了 59 幅树木花卉剪影装饰的水彩人像。册落款为"PM"，极有可能代表彼得·芒迪（Peter Mundy，约 1600—1667 年）。此人 1611 年离开故土康沃尔，登上一艘商船，作为船舱杂役，随船多次远航，到达了君士坦丁堡、印度、中国和日本。

雪松（见第 72 页）一样，柏树耐腐蚀，柏油芳香，满足一切木工要求和殓葬标准。甚至有观点认为柏树是挪亚方舟的用材——歌斐木（gopher wood）。不过，从古美索不达米亚和老普林尼自己在罗马的别墅，到西亚穆斯林各国王宫，比如印度北部莫卧儿王朝巴布尔王（Babur，1526—1530 在位）及其继任者撒马尔罕帖木儿王宫，位于设拉子和伊斯法罕的波斯萨法维王朝王宫，还有穆罕默德二世 1457 年迁都君士坦丁堡（今伊斯坦布尔）后，沿博斯普鲁斯（Bosphorus）山所建的奥斯曼帝国托普卡帕萨拉伊宫，柏树都曾被广泛使用。究其原因，还在于形若火焰的柏树本身具有的优雅气质和优良的装饰能力。托普卡帕萨拉伊王宫中，层层递进的庭园种植了柏树、悬铃木、松树、柳树和黄杨。自 17 世纪早期，宫殿的女眷房间和蓝色清真寺内都发现了绘有柏树图案的

← 王子于园中受献丛林珍
禽，约 1590 年
水粉，15.3 厘米 ×9.5 厘米

画中人物极有可能为莫卧儿王朝开国
皇帝巴布尔。此画是 1590 年出版的
巴布尔回忆录中的插图。画中的场景
安排在"天堂花园"，四条天堂之河由
居中的水池连接，象征着《可兰经》
中四条分别流淌着牛奶、蜂蜜、美酒
和水的河流。

→ 雉鸡翠柏贴石瓷盘，1677/
1678 年
克尔曼（今伊朗）制造
直径 40.5 厘米

中国瓷器长期出口波斯，萨法维王朝
时期（1501—1722 年）的克尔曼匠
人借鉴中国陶瓷技艺，开发出符合本
国风格的瓷器制品。

木板。

波斯诗人海亚姆（Omar Khayyam，1048—1131 年）的《鲁拜集》（Ruba'iyat）开篇即申明柏树是美的化身。萨非王朝开国皇帝伊斯马仪（Shah Isma'il）曾以卡塔伊（Khatā'ī）为笔名创作，他认为柏树喻示着爱的表达。1865 年，德沃夏克创作《柏树》套曲，向其学生演员约瑟菲娜·切尔马科娃示爱。德沃夏克采用了捷克诗人古斯塔夫·普夫勒格-莫拉夫斯基（Gustav Pfleger-Moravský）所作诗歌中的柏树意象。在瓦尔登湖畔林间独处的亨利·梭罗（见第 12 页）也爱柏树，那是自由的象征。梭罗这样忆起中世纪波斯文学名作智慧之书《古丽斯坦》[（Gulistan）又名《设拉子萨迪花之园》（1259 年），此处为詹姆斯·罗斯 1823 年英译本]：

> 他们询问一位智者："至尊的神创造了高大成荫的树，却没有一棵被称为'阿萨德'（azad）或是自由的树，只有松柏除外，但松柏又不结果子，其中有何奥秘呢？"
>
> 智者回答道："凡树皆有相应的果实，特定的季节，适时则花繁叶茂，逆时则枯萎凋零；柏树不同，永远苍翠；'阿萨德'或是宗教的独立者有这种本性。心莫停留在转瞬即逝的东西上，因为'迪吉拉'（Dijlah，底格里斯河）在哈里名族绝种后，依然流经巴格达。如果你手头宽裕，那就要像枣树一样慷慨大方；如果什么也给不了，就做一个'阿萨德'或是自由人，像柏树一样。"[3]

14 世纪末，英格兰引进地中海柏树。至 17 世纪中期，柏树景观种植已非常普遍。1735 年，商人、树木爱好者彼得·柯林森（见第 16 页）向自己的朋友，弗吉尼亚州威廉斯堡（Williamburg）名园的建造者约翰·蒂斯（John Custis）寄去了柏树样本。除了广为人知的地中海柏，柏属还包括 15 种其他树木，遍布世界各地，包括刺柏、落羽杉、高大的西部红杉（如北美乔柏）。西部红杉为美洲西北海岸印第安人常用木材，常被加工成木棒后雕刻，大英博物馆的中庭里就设置了两根。

地中海柏木与橡树枯叶蛾，约 1585 年

[英] 雅克·勒穆瓦纳（Jacques Le Moyne，1533—1588 年）
水彩、树胶水彩，21.5 厘米 ×14.5 厘米

艺术家勒穆瓦纳 1564 年曾作为书记员多次参与法国人的佛罗里达远征（未能成功）。1581 年，他得以入英格兰籍，后得到沃尔特·莱利（Walter Raleigh）和菲利普·锡德尼（Philip Sidney）两位爵士的资助。这幅水彩画选自大英博物馆收藏的一组 50 幅作品，均为菲利普爵士的母亲玛丽·锡德尼委托创作。

穆斯林的葬礼，1820—1830 年
［英］威廉·珀泽（William Purser，1790—1852 年）
水彩，16.7 厘米 ×24.7 厘米

珀泽曾在希腊和土耳其游历，他笔下的多幅君士坦丁
堡作品常成为游记的插图。

桉树

梦幻般的传说

拉丁学名：Eucalyptus

英文名：eucalypt

除合欢外树，桉树种类最多。不过，800 多种桉树中，除澳洲特有品种外，只余 15 种了。伞房花桉（又称红血木）那鲜红的树胶早在 1770 年就令身处植物湾的库克船长和约瑟夫·班克斯感到震撼。能经受 "HMS 奋进号" 长途航行考验，最终存活下来的树种为数不多，伞房花桉即为其中之一。1777 年，第一批真正的桉树标本——斜叶桉（也称澳洲橡树或塔斯马尼亚橡树）——从澳洲发往欧洲。次年，伦敦肯辛顿的苗圃就有桉树苗出售了。

从 1788 年开始，欧洲人陆续到澳洲定居，许多地方开始砍伐桉树，开垦农业用地。不过，从 20 世纪初开始，随着桉树的经济价值渐为人知，桉树种植管理也日益受到关注。桉树最大的潜力还在于其药用价值，虽然这样的价值对于原住民来说并不陌生。而桉树商业价值的开发一直到 19 世纪中叶约瑟夫·波西斯托（Joseph Bosisto，1824—1898 年）有所发现才算真正开始。波西斯托是一位来自利兹的药师。他与德国植物学家费迪南德·穆勒（Ferdinand Müller，1825—1896 年）在澳大利亚携手，从塔斯马尼亚蓝胶（也称蓝桉树）中提取了桉树油，并且成功地开展了营销。直至今天，仍有一个知名品牌的桉树油使用了他的名字作为商标。蓝胶桉传遍了整个澳大利亚和世界其他地区。有一些地方甚至将其视作入侵物种。18 世纪末期，桉树种子不仅被运往欧洲，还运到了印度、南非、南美、美国（尤其是加州）。桉属业已成为最主要的林业树种之一，广泛使用在木料生产、造纸制浆、高端工业用木炭和土地保护等方面（桉树的生长速度较快）。

1998 年，澳大利亚作家默里·贝尔（Murray Bail）写作的长篇小说名为《桉树》（Eucalyptus），内容也围绕桉树展开。小说主人公是一位树木种植爱好者。他种树的目的是从 "混乱的多样性" 中创造秩序，一个关于植物分类、失衡、魅力重现的故事由此展开。该书以桉树名称林奈分类法为叙述主线，从斜叶桉开

↑ 塔斯马尼亚蓝胶树，大英博物馆中的澳洲景观，2011 年

↑ 蓝胶树，选自一套 12 幅有色石版画《悉尼周边速写》（1849 年）

［英］康拉德·马滕斯（Conrad Martens，1801—1878 年）石版画，22.8 厘米 ×17 厘米

马滕斯 1833 年离开英格兰，登上 "HMS 小猎犬号"，与查尔斯·达尔文一同沿南美海岸航行。随后，马滕斯继续前行，经由塔希提岛和新西兰，到达澳大利亚，成为澳大利亚议会图书馆的一名管理员，并在澳大利亚终老。

90

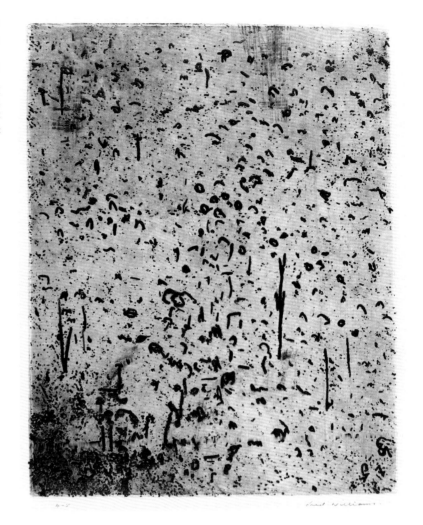

→ 胶桉林，1965—1966 年

[澳]弗雷德·威廉斯（Fred Williams），1927—1982 年

蚀刻，34.2 厘米 × 27.4 厘米

弗雷德·威廉斯于 1958 年从伦敦回到墨尔本。他创新性地处理澳大利亚风景，速写式捕捉无处不在的胶桉树，他的作品如今已经成为许多人观察那片土地的途径。

← 装饰有"亚帕尼蜂蜜"纹样的棺木，20 世纪 80 年代

吉米·莫杜克（Jimmy Moduk，1942— ）

桉树段，高 152.3 厘米

按照东北部安恒地区人们的分法，亚帕尼 - 杜瓦（Yarrpany-Dhuwa）蜂蜜是澳洲本土蜂所产的四种蜜之一，每种蜜都有自己的酿造故事。1987 年至 1988 年间，澳大利亚国家美术馆搭建了一个"200 圆柱——原住民纪念碑"，所用的素材就是瑞明吉宁地区的桉树段"棺木"。这些"柱棺"用以纪念欧洲移民来到澳洲的 200 年间，澳洲原住民付出的生命代价。

始，以汇生桉（也称金伯利桉）收束全篇。最后成功获得主人公女儿垂青的追求者不是那个通过辨认测试，能够识别新南威尔士州土地上所有桉树的人，而是另一位与作者一样，兼具严谨的观察力与讲故事才能的人士，正所谓"树木呼出氧气，尤如其娓娓道来的话语"。

对澳洲的原住民而言，与当地的景物一样，桉树一直都在"讲述着氧气一样的故事"。桉树代表的是"梦幻时期"的创世神话和人们存在的方式。桉树是食品、药物和建材的来源。供人类食用的动物也以桉树为食。传统乐器迪吉里杜管（didgeridoo）就取材于白蚁蛀空的桉树枝，桉树的文化意义即在于此。桉树在祭仪上的作用则更为重要。在一些地区，墓地常常用一棵存活的桉树或一段砍下的桉树作为标识，这样的桉树上雕刻有图案。澳大利亚北领地阿纳姆地的人们将掏空的桉树段作为棺木，上面常常刻上与逝者遗体上所绘的图案相同的图腾。自 20 世纪晚期以来，这些棺木除了祭祀功能之外，也和常见的树皮画一样，用于公开展出或出售。

无花果

隐秘意深

拉丁学名：Ficus
英文名：fig

无花果极其隐秘，
它生长的情形深意立现，
仿佛很阳刚。
其实，对它越了解越明白。
难怪罗马人说它阴柔。

D.H. 劳伦斯（D.H.Lawrence）

《无花果》，1923 年[1]

无花果树仅靠黄蜂授粉，而且近 850 种无花果树又有各自特定的授粉黄蜂品种。约翰·伊夫林与之前的泰奥弗拉斯托斯（Theophrastus）和老普林尼一样，将这种特性描述为"虫媒授粉"，也即雌雄同株的无花果（可食用无花果的不育样本），雌株上团生花序下垂，以利于花粉的相互传播。[2]

从阿富汗到南欧，野生无花果树均有分布。不过，有文献记载的无花果种植史已逾 4000 年。老普林尼《自然史》中提及的无花果有 29 种之多。"高品质的无花果精选出来，干燥后分开存放。"论果大质优，最好的无花果产地当数地中海巴利阿里群岛西部的伊比沙岛，该岛素有"无花果岛"之称。[3] 当今世界最主要的无花果产地包括：埃及、土耳其、叙利亚、阿尔及利亚、摩洛

↑ 一盘成熟的无花果，19 世纪中叶
［英］查尔斯·罗伯特·莱斯利（Charles Robert Leslie，1794—1859 年）
水彩，10.8 厘米 ×15.3 厘米

查尔斯·罗伯特·莱斯利在费城长大，后到伦敦创业。1843 年，他出版了朋友约翰·康斯坦布尔的传记。

← 棕榈叶编成的椭圆形筐，内装有无花果和枣，埃及十八王朝，约公元前 1550—前 1292 年
长 20.2 厘米

↓ 犹大之死与耶稣受难，罗马帝国晚期，约 420—430 年
象牙盒侧板，7.5 厘米 ×9.8 厘米

犹大脚下是那个装了 30 块银钱的囊袋，庙里的祭司们用那些钱收买了犹大，
让他将耶稣基督引到了客西马尼（Gethsemane）蒙难地。

↑ 无花果的诅咒，选自马蒂亚斯·林曼
（Matthias Ringmann）著《耶稣基督生
平及受难》（1507 年，斯特拉斯堡出版）
的插图
［瑞士］乌尔斯·格拉夫（Urs Graf, 1485—
1527/8 年）
木刻，24.4 厘米 ×16.5 厘米

此批木刻插图一共 25 幅，再现了耶稣基督的一生和
受难过程。本画的主题取自《马太福音》和《马可福
音》。耶稣诅咒无花果树，让其不结果子，随之枯萎，
以此证明信徒们只要信念坚定便能有成。

哥和美国。

　　老普林尼曾在罗马的论坛上论及这种神圣的树木，罗马人如不幸被闪电击中身亡，下
葬时必敬奉无花果树。传说此树是当年罗马城缔造者穆卢斯和瑞摩斯在卢佩尔卡尔山遭弃
后的栖身之所。《可兰经》中有章节将无花果与橄榄并列，基督教的《圣经》中，无花果
是伊甸园中唯一有名字的树木。这种手指宽的树叶成为亚当、夏娃吃下善恶知识树（见原
文第 36 页）上的果实后蔽体的拦腰布。与原罪的联系令无花果在基督教文本中声名狼藉。
《新约》里有耶稣诅咒一棵尚未结果的无花果树，并令其枯萎的内容，枯萎的无花果树喻
示着缺乏信仰，也是信仰力量是否存在的依据。无花果树蒙受的最大冤屈是犹大背叛耶稣
后自杀的章节。《马太福音》中说，犹大将 30 块钱归还到殿里后便自缢身亡，而古罗马人
将自缢看作莫大的耻辱。亚勒尔大公会议的基督教会于公元 425 年谴责任何形式的自缢，
并视其为摒弃主的恩典，是魔鬼的作为。7 世纪末以后，无花果树与犹大自尽相联系的说
法流传开来，源头是一位爱尔兰僧人到圣地朝拜后的讲述，此人声称亲眼见到了那棵无花
果树。

西克莫无花果树主要分布在赤道附近的非洲、尼罗河谷，以及以色列、约旦、也门、阿曼等国的红海沿岸地区，是古埃及最有用、最神圣的树木，其荫可享，其果可食，其材可用，在诸多文本中均有出现，如《死亡之书》。发端于底比斯的古埃及十八王朝墓穴中就发现了无花果木制成的墙壁木饰和灵台摆件。图坦卡蒙墓随葬食物中也发现了无花果。与普通无花果不同，西克莫无花果上常有用于催熟的切口。

掌管重生的埃及天空女神努特也被刻画成西克莫无花果神祇，埃及卡纳克阿蒙神殿粮仓书记员内巴蒙墓一处壁画即如此呈现。壁画描绘了转世后西方花园中的生活图景。果实累累的枣椰树塘边环绕，上部排列着果实可食用的埃及姜饼棕树，以及西克莫无花果、普通无花果和曼陀罗。努特从右上角的西克莫无花果树显现，正向内巴蒙（本页插图中未显示）递上果实，欢迎他进入天堂乐园。

普通无花果与西克莫无花果属于较易落地生根的品种，不过，其他约占五成的品种则以附生生长为主。它们从大气中吸收水分和养分，向下长出悬空树根以支撑上面的树冠。有些

↑ **明亮的无花果树，1778 年**
［英］玛丽·德拉尼（Mary Delany，1700—1788 年）
植物拼贴画：黑底墨水底、彩纸、水彩、树胶水彩，
28.9 厘米 ×22.8 厘米

这一树种现在也称细叶榕，别称还有台湾榕、印度月桂榕、人参榕或中国榕。德拉尼夫人接触到这种奇异的树木是在好朋友波特兰第二公爵夫人的白金汉郡领地布尔斯楚园中。1771 年，约瑟夫·班克斯和丹尼尔·索兰德曾到访过此园。1776 年开始，乔治三世和王后常定期来到布尔斯楚园，欣赏玛丽·德拉尼了不起的"剪刀功夫"。

94

← **内巴蒙花园中的水池，埃及**
十八王朝，公元前 1350 年
石膏墓室壁画，64 厘米 ×73 厘米

↑ 被雷劈后的榕树干——马拉巴海岸，选自《各地拾零图册》（1828 年）
［英］乔治·罗素·达特内尔（George Russell Dartnell，1799/1800—1878 年）
黑墨，薄涂，白色强化，18.2 厘米 ×24.1 厘米

达特内尔是一名英国军医，1823 年至 1832 年期间驻防在斯里兰卡、缅甸和印度。他用画作记
录所到之处。1835 年起，他在加拿大服役，1843 年回到英国，1854 年起担任医院副总巡视员。

↑ 榕树（孟加拉榕）下的七位印度苦
行僧，1630 年
莫卧儿王朝风格细密画，38 厘米 ×21.7
厘米

树种俗称"绞杀"，树根紧紧盘绕在主干上。另一些，如孟加拉榕，树根则直接垂地。10 世
纪阿拉伯历史学家马苏第（Mas'ūdī）如此描述这种现象：

> ……大自然奇观，植物王国的天才。它枝繁叶茂，相互交织着铺在地上，形
> 态雍容。那高耸的巨棕，也能被它攀附着上达树冠，下伸枝条入地扎根……不久，
> 便又能发出新枝，一如既往地上蹿，再下伸生根……如果不是印度有专人负责修
> 剪，考虑到它们的宗教轮回意义而特意看护，无花果树势必遍布全国，完全成为
> 入侵者。[4]

欧洲人称这类无花果树为孟加拉榕。印度西部古吉拉特语中"banya"意为"商人"，
源于印度商人有在这种树下交易的习俗。孟加拉榕树是印度苦行僧或圣人们冥想的圣地。

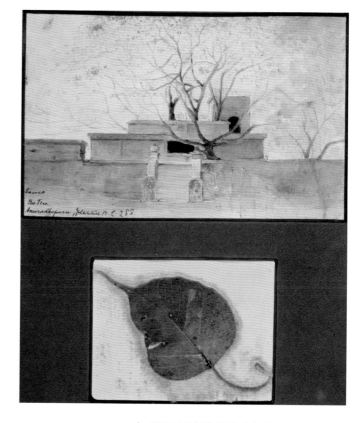

↑ 佛陀树下说法图，中国唐朝，约 701—750 年
幡画，139 厘米 ×102 厘米

这是中国敦煌第 17 窟千佛洞中出土的绘画中时代最早、保存状态最好的作品之一。

↑ 斯里兰卡阿努拉德普勒古城的菩提神树，1889 年

哈里·赫莫斯雷·圣乔治中校（Harry Hemersley St. George，1845—1897 年）
水彩及菩提树叶，12.4 厘米 ×19.9 厘米（含装裱）

题记为"圣树（华钵罗树）树叶——公元前 288 年种，2177 岁龄树所摘下，3.2.89，H.H. 圣乔治，1889 年"。阿努拉德普勒是斯里兰卡的古城，阿育王（约公元前 269—前 232 年在位）曾将佛陀悟道之树的一枝赠人，以使佛教传遍印度次大陆。阿努拉德普勒的菩提树被认为是世界上最古老的菩提树。

1634 年，托马斯·赫伯特写道："有些宗派拜这些树，并用丝带之类的物品装点它们。"

最广泛受崇拜的榕树是菩提树，梵文中也称之为毕钵罗树或世界树（ashvattha），佛教称之为菩提。这种树最早在印度的描述中来自印度河谷文明（公元前 3000—前 1700 年）时代的一枚印章。印度古代哲学典籍《吠陀经》（Vedas，约公元前 600 年）和《奥义书》（Upanishads，公元前 5 世纪）对其均有提及。毕钵罗树地位甚高，砍倒一棵，即视为杀死一名婆罗门（僧侣阶层）成员。佛教徒们眼中的菩提树是公元前 6 世纪菩萨冥想悟道之所，据说位于印度东北部，因菩萨悟道而得名佛陀伽耶（Bodh Gaya），意为"悟道之地"。佛陀伽耶有摩诃菩提寺，是与佛陀生平联系最密切的圣地之一，为阿育王（Ashoka，公元前 269—前 232 年在位）建造，见证佛陀成佛的菩提圣树就在寺中。这棵树由斯里兰卡阿努拉德普勒古城的菩提树分枝树苗长成，传说该古

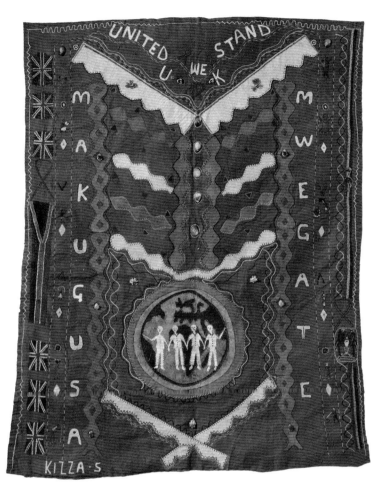

← 我们团结在一起（原文为斯瓦希里语），2008 年
萨拉·基扎（Sarah Kizza）
树皮底布，椰棕叶纹针，色素，货贝壳，串珠，140 厘米 ×100 厘米

这张树皮布制作地为坎帕拉（Kampala），英国、南非和乌干达的三所大学支持了当地的一个设计、健康的社区项目。乌干达掌握不同手工艺的女性参与进来，关注手工艺品的设计在健康教育中的作用，以此来促进艾滋病的防治及当地经济的发展。

→ 伊祖因特佩克圣书抄纸，16 世纪
发现于墨西哥
榕树皮，颜料色素，85 厘米 ×35 厘米

这份手抄文档是一份历史记录，它以图示的形式展示了一处早期人类迁徙的神秘定居地，地点标识共计 35 个。

树是佛陀得道之树的后代。

　　从经济价值上看，某些无花果属树木可以造纸或制作树皮布。亚洲和波利尼西亚部分地区使用无花果属树木替代构树，如太平洋榕。墨西哥出产一种褐色纸张，取材即为当地特有的红脉榕（也称为熔浆无花果）的树皮下层组织。这种纸张早在 16 世纪就记载了哥伦布发现美洲大陆前的重要史实，以及西班牙征服美洲时期的可靠信息。纳瓦特尔语称这种纸为"amatl"，这个单词后来用以命名某种当代艺术形式——"阿马特艺术"。非洲东部、南部特有的纳塔尔榕在乌干达被制成树皮布。树皮布与乌干达中部的巴干达人颇有历史渊源。与波利尼西亚传统不同，树皮布制作技艺在乌干达常由父传子。近来的一些社区项目也有女性参与树皮布的制作和设计，时代感略有增强。

梣树

战争与她携手，和平与她拥抱

拉丁学名：Fraxinus
英文名：ash

> 梣树（除橡树外）是使用最普遍的一种：士兵需要它……木匠需要它。造轮子、造马车用得上它。箍桶、装配、盖房都需要它。它可以做成长矛、飞镖、弯弓……还有农犁。无论和平时期还是战争时期，人类对梣树的需求量永远那么大。
>
> 约翰·伊夫林
> 《森林志》，1664 年 [1]

花白梣（有时也因其汁液甘甜被称为甘露梣）曾经用于制作矛轴，最负盛名的是阿喀琉斯的长矛。特洛伊战争中，阿喀琉斯就用这把长矛杀死了赫克托耳和亚马孙女王潘特希里亚。"爱琴海的勇士中没人能举起那把矛轴，只有阿喀琉斯掌握挥舞它的技巧。"这把长矛取材为佩里安梣树，原为马人凯龙送给父亲珀琉斯的礼物，造于皮利翁山顶，也注定了英雄末路。[2]

在斯堪的纳维亚，梣木享有世界之树的神秘地位。无论诗歌还是《埃达经》（Eddur）这样的北欧神话故事中，都能发现这种世界之树的影子。19 世纪后半叶兴起了一股中世纪诺尔斯语传说研究热潮，其中的领军人物为英国的威廉·莫里斯——将这些传说从冰岛语译为英语的学者。

欧洲白梣（又称普通白蜡）是欧洲最常见的梣树。早期较为完整的梣木制品发现于北约克郡斯坦威克圣约翰防御工事中，那是一柄铁器时代的剑鞘。该堡垒属于布里甘特人部落，其疆域在 1 世纪一度覆盖了整个英格兰北部。梣木制品在英国其他考古现场也有零星发现，譬如萨福克萨顿胡 7 世纪盎格鲁—撒克逊沉船遗址中发现的盾牌和木桶。不过，

↑ 世界之树，选自格里森·怀特（Gleeson White）作品藏书票，1895 年
［英］查尔斯·里基茨（Charles Ricketts，1866—1931 年）木刻，17.5 厘米 ×15 厘米

艺术评论家格里森·怀特 1893 年创办了《工作室》。这本图文并茂的杂志对艺术和工艺品运动产生了重要影响。

→ 木剑鞘，铁器时代，50—74 年
欧洲白梣，长度 73 厘米

1951—1952 年的斯坦威克发掘这剑鞘及剑身，发掘工作由著名的考古学家莫蒂墨·惠勒（Mortimer Wheeler，1890—1976 年）主持。这两件物品成为 1843 年发现的"斯坦威克宝藏"的一部分，大量的金属物品在该地出土，包括大英博物馆此前已经收藏的一张马面具。

斯坦威克的这只剑鞘的完好程度非常少见，只因剑鞘深埋于防护渠底部的淤泥中，泥封状态有效地隔绝了氧气，所以没有氧化。

美洲梣（又称白梣或美国梣）是北美东部特有的树种。马克·凯茨比（Mark Catesby，1682—1749年）将美洲梣种子寄回英国，1724年首次在英国种植。他得到了斯隆爵士和其他英国皇家学会成员的支持，完成了对北美东南部地区植被的全面考察。1768年，切尔西药用植物园的菲利普·米勒写道："为满足需求，美洲梣来到欧洲。"然而，入欧后美洲梣却无法结果，后来又进行了一些将其与欧梣嫁接的尝试。美洲梣与加拿大中部和美国东北部（含五大湖区）的美国黑梣（也称褐梣、沼泽梣、环梣、竹篮梣）一道，均为美洲原住民生活用品和药品的重要来源。其中功用之一是制作烟斗。这种烟斗有着长长的木质烟管，名为"卡鲁梅"（calumet）烟斗，取法语单词"chalemel"或"chalumeau"（"芦苇"和"管子"）之音。烟草和类似植物制品（甜草或雪松树皮）的吸食是各种仪式的组成部分，除病、求雨、缔约、通商、宣战、讲和，无一不包。博物馆的美洲原住民工艺品收藏主要来自布莱恩·姆兰斐的商业活动。此人是18世纪北爱尔兰弗玛纳郡的移民，在美洲从事商业活动发家。1825年，他将儿子送进兰开夏郡斯托尼赫斯特学院，一批工艺品也随之来到英国。其中的一件为"卡鲁梅"印第安缔约用梣木长烟斗，上面挂有印第安神鸟白头鹰羽饰。白头鹰从1782年开始成为美国政府的标志。

黑像式安法拉酒罐，约公元前540—前530年
据说为埃克塞基亚斯（Exekias，活跃于公元前550—前530年）所作
高41厘米

罐上的图案展现了阿喀琉斯斩杀彭特西勒亚（Penthesilea）的情景。埃克塞基亚斯是雅典最出名的黑绘师和制陶师，他能极其生动且原汁原味地将希腊神话的意境阐释到作品上。

↑ **梣树穹顶，2001 年**
［英］大卫·纳什（David
Nash，1945— ）
石墨，27.5 厘米 ×41.7
厘米

梣树木质坚硬，韧性佳，非常适合制作木质框架。长期致力于探索人与自然联系的艺术家大卫·纳什（David Nash）利用梣木的这些特点，试图将其结构优势纳入"活着的结构"中，于是他开始了自己的"梣树圆顶计划"。1977 年，他在北威尔士的雪顿山种下 22 棵梣树幼苗，计划 30 年后，这些幼苗会围成类似圆顶的结构。2001 年至 2005 年间纳什所画的草图中，这些树正在按照预计的形状生长。环境学家罗杰·迪金（Roger Deakin，1943—2006 年）以向纳什致敬的方式在萨福克创造出自己的梣木圆顶凉亭：

→ **卡鲁梅长烟斗，成品于 1825 年之前**
梣木，动物肌腱，铅块，马鬃，长 114 厘米

器具上刻有水牛头、白头鹰等象形文字。

　　整个凉亭由两行存活的梣树构成，每一棵树的树干均按照哥特拱门的形状弯曲（18 世纪有一种说法，哥特式建筑所要达到的效果就是林荫大道）。这些树 20 年前种下，几年前长到两米多时，我就把树苗都归拢到一起，挨着进行嫁接。之后，这些树便一起生长，逐渐结合成一个机体，一棵树虽然有两套根系，但只有一套循环系统……最后，树木"焊接"形成了稳定的结构，这个结构与木材框架房屋并无二致。[3]

梣树习作，1823 年

［英］约翰·康斯坦布尔
（John Constable，1776—
1837 年）

石墨，25.9 厘米 ×17 厘米

创作于伦敦北部汉普斯特荒
野，画家题记为："梣，晚
间 9 点，白昼最长的日子，
1823 年 6 月 21 日，于汉普
斯特。"这表明画家关注到了
季节变换和时间流逝给创作
带来的不同效果。

银杏

很古很魅很抗爆

拉丁学名：Ginkgo biloba
英文名：ginkgo

活化石银杏也称"二裂银杏"（因叶形而得名），其化石可追溯至约 2000 万年前，是同时期物种中仍存活的唯一树种。银杏原生于中国，与未来佛弥勒菩萨以及孔子（公元前 551—前 479 年）有关，中、韩、日三国的寺庙圣地因此多有栽种。银杏首次进入欧洲人的视野归因于德国博物学家恩格尔贝特·坎普法（见第 64 页）。坎普法 1691 年在长崎初见银杏，"另一种果仁形若阿月浑子，当地称为银果。此树美观高大，广泛分布在日本各地，叶形类似铁线蕨，称银杏，白果油用途广泛。"[1] 坎普法将银杏种子带回荷兰，并在乌得勒支植物园种植成功。更值得一提的是，他 1712 年将自己 1683 年至 1693 年游历俄罗斯、伊朗、阿拉伯和日本的见闻写成一本书出版，书中配有大量精美的插图，其中就有银杏和构树。这些异国风情的植物引起汉斯·斯隆爵士的注意。坎普法 1716 年去世之后，爵士派乔治一世的御医到汉诺威郡莱姆戈的坎普法家中，购来了其手稿和"不少自然或人工收藏"。1753 年，作为斯隆爵士的最后一批遗赠，上述藏品来到大英博物馆，如今分别收藏在自然历史博物馆、大英博物馆和大英图书馆中。另外，斯隆爵士还安排专人翻译坎普法未公开出版的手稿"今日日本"（Today's Japan），1727 年以《日本史》（The History of Japan）为名出版。其受欢迎程度从次

基尤皇家植物园中的银杏树，种于 1762 年

↑ 银杏叶图案釉面陶砖，约 1900 年设计
［德］麦克斯·劳杰（Max Läuger，1864—1952 年）
20.4 厘米 ×20.4 厘米

劳杰 1895 年至 1913 年间在其家乡德国西南部罗拉赫的 KTK 公司任陶制品部主任。受到伊朗和东亚装饰图案的影响，他创作了一些树木植物图案的陶瓷作品。

↑ 铁制银杏叶形镶金日本武士刀刀锷，19 世纪
高 7 厘米

刀锷位于刀柄和刀锋之间。

年就需再版便可见一斑。此书后来成为海军准将马修·佩里（Commodore Matthew Perry）1853年启程打开日本大门的随身参考书。

银杏在欧洲种植的最早记载看似应该在18世纪50年代。当时伦敦东区迈恩德苗圃的老板詹姆斯·戈登获批开始繁育银杏。基尤植物园种植的银杏可能来自于这一苗圃，也是现在英国最古老的银杏树种。

许多作家和艺术家深为银杏着迷，歌德便是其中之一。他曾为倾慕的对象玛丽安·威尔玛作《银杏诗》（*Ginkgo Biloba*），初稿1815年9月寄给了后者，当中夹着二人当月同游海德堡时他从城堡前银杏树上摘下的两枚叶子：

> 这棵树，从东方
>
> 移植到我的花园里，它的叶子，
>
> 有一种耐人寻味的神秘含义，
>
> 好像它要给会心者以启迪。
>
> 它可是一个活的生物，
>
> 自己从内部一分为二？
>
> 它可是两个自愿合而为一，
>
> 人们把它们看作一个？ [2]

大树升龙，2000 年
[日]信长雄二（Kiyota Yûji，1931—）
彩色木版印刷，103 厘米 ×72.5 厘米

艺术家曾创作一批作品，其中 3 幅主题为日本各地神社中的银杏树，上图为其中之一。"室生村神明神社中的这棵巨大的千年银杏树雄踞一方，令游客大为惊叹。犹如保护神一般，肆意扭曲扩展。银杏树上指苍穹，遒劲的气势让人不由得联想猛龙升天的磅礴。整棵树所充满的生命活力必将传遍附近的山村，令其兴旺发达。"（信长雄二，大英博物馆入藏感想，2004 年）

19 世纪下半叶的日本艺术和设计对欧洲影响巨大。法国的新艺术运动装饰风格，以及同类的德国青年风格无论从自然角度还是几何角度推崇备至的形式中，银杏叶必有一席。

看，那些银杏树至今仍魅力无限。它的抗污染特性令其在医疗保健中被广泛使用，亦被视作平安康复的标志。1945 年日本广岛原子弹爆炸地就栽种了四棵银杏树，它们至今仍生机勃勃。据记载，英国基尤皇家植物园最早的银杏树栽种于 1762 年，是乔治三世的母亲种下的。2005 年，艺术家吉尔伯特（Gilbert，1943—）和乔治（George，1942—）在威尼斯双年展上展出 25 幅新作品，每一幅作品中都可找寻到银杏叶的形象。

愈疮木

结缘神灵

拉丁学名：Guaiacum

英文名：lignum vitae

愈疮木是一种热带硬木，是神圣愈疮木和药用愈疮木的芯材。这两种树生长于加勒比海地区、美国佛罗里达州、巴哈马群岛以及美洲中部和南部的部分地区。神圣愈疮木是巴哈马国的国树，药用愈疮木是牙买加的国花。16 世纪初，愈疮木由西班牙探险家首次引入欧洲，因其上佳的强度、油性、自润滑性和药用价值而大受青睐。愈疮木树脂被广泛用于治疗呼吸系统疾病、皮肤病、痛风和梅毒，因此被誉为"生命之树"。对于水手和造船师来说，无论帆船还是蒸汽时代，甚至现代的潜水艇，材质卓越的愈疮木均可作为原材，制作各式航海仪器、移动部件，如传动装置、轴承以及船体框架等。

药用愈疮木的双名法名称出自斯隆收藏的一幅绘制标本，1687 年到 1689 年期间，斯隆曾担任牙买加阿尔伯马尔公爵二世（The 2nd Duke of Albemarle）的私人医生，虽仅持续了 16 个月，但斯隆却因此对植物学知识产生了浓厚的兴趣。在他的著作《牙买加自然史》（Natural History of Jamaica，1725 年）第 2 册中，他这样描述铁木（药用愈疮木的另一常见名称）："这种树木质硬，呈浅黄色，近看酷似灰皮黄杨，高度可达近 20 英尺，树杈分支多……詹姆斯·瑞德曾从巴巴多斯买过一株。据他所言，这种木头适合制作齿轮，耐日晒风吹，木质之硬甚至连某些工具也对其无可奈何。"斯隆在书中还首次全面介绍了该树种的药用价值。

愈疮木对于泰诺人有着极不寻常的意义。1492 年，哥伦布到达加勒比海地区，原住泰诺人的疆域已经扩展到巴哈马群岛和大安地列斯群岛（含古巴、海地、多米尼加、牙买加和波多黎各）、维京群岛，可能还包括佛罗里达州的一部分。愈疮木不仅坚固耐用，其黝黑的颜色更被泰诺人视为神圣之色，用愈疮木做成人形圣物最灵验。泰诺人认为，世界万物生生不息，已故男性祖先的灵魂渗透了一种叫作塞祢（cemi）

杜荷（duho）凳，15 世纪
愈疮木制，长 44 厘米

杜荷，又称权力之位，是部落首领、巫医与男性祖先灵魂沟通的用具。眼部镶有锤制金片，显示杜荷洞见超自然国度的能力。圣物发现地位于圣多明哥（多米尼加共和国）周边，曾是 W.O. 欧德曼（W.O.Oldman）的财产。欧德曼是 20 世纪上半叶伦敦的商人和民族志收藏家。

← **铁木（药用愈疮木）标本，1687—1689 年**

汉斯·斯隆爵士收藏

现存于伦敦自然历史博物馆。

↓ **木质男性雕像，15 世纪**

愈疮木，高 103.5 厘米

1792 年在牙买加的卡朋特斯山被发现，1803 年入册。雕像背部裸露的脊椎骨凸显它与灵界的关联，正面则是一副进入幻觉的木然表情。

或赞祢（zemi）的生命力量。这种力量变幻多端，时隐时现。黑色代表夜晚，如同幽谧的灵魂王国，没有一丝色彩。泰诺人很可能把圣物藏匿于山洞中，图中的这些物品就发现于洞中，大概是为了避免自然灾害和外族劫掠。虽然有些圣物幸免于难，泰诺人自身却由于欧洲疾病——主要是天花——而基本灭绝。这种被他们深深崇拜的树，如今已被列入《濒危野生动植物种国际贸易公约》（CITES）。

月桂

太阳神依旧的爱

拉丁学名：Laurus nobilis
英文名：bay laurel

女神达芙妮的名字就是"月桂树"的意思，它也是奥维德的《变形记》中一个为人熟知的章节：

她的愿望还没说完，忽然感觉两腿麻木而沉重，柔软的胸部箍上了一层薄薄的树皮。她的头发变成树叶，两臂化作枝干。双脚不久以前还在飞跑，此刻被树根牢牢捆缚，不能动弹。她的脸庞则化为树身……即便如此，太阳神依旧爱她……你既然不能做我的新娘，至少得做我的树。我的头发、竖琴、箭囊永远要缠你的枝叶。我要让罗马大将，在凯旋的欢呼声中，在庆祝的队伍走上朱庇特神庙之时，头上戴着你的花冠。你将站在奥古斯都的宫门前，做一名忠诚的守卫，守护着门当中悬挂的橡叶荣冠。并且，我的头是长青不老的，头发也永不剃剪，同样，你也将永远享有枝叶长青的无上荣光。[1]

1524 年，埃莉诺拉·黛丝特（Eleanora d'Este）为其母曼图亚女侯爵伊莎贝拉·黛丝特定制了成套的餐具，这些餐具后来成为文艺复兴时期的名品。餐具上的图案将达芙妮化为月桂的传说描述得精美绝伦。月桂，又称甜月桂、桂树、月桂冠和希腊月桂，是一种常绿香氛植物，树叶光滑，原产于地中海地区。古希腊时期，纪念太阳神阿波罗的皮提亚竞技会在德尔斐举行，月桂花环是竞技会的奖品。古罗马人不仅沿用了这个象征意义，还赋予了它新的含

RAPHAEL PINXIT IN VATICANO

107

↑ 帕纳索斯山上的阿波罗，1510—1520 年
［意］马肯托尼欧（Marcantonio，1470/82—1527/34 年）
雕版，35.8 厘米 ×47 厘米

月桂树环绕着阿波罗，9 位缪斯和历代诗人陪伴左右。这幅版画来自拉斐尔的早期作品，是其 1511 年为罗马梵蒂冈宫内部署名室设计的湿壁画。

← 锡釉陶盘，1524 年
尼古拉·达乌尔比诺（Nicola da Urbino，约 1480—1537/8 年）
直径 27.1 厘米

盘中图案表现了奥维德书中的场景：阿波罗与皮同，丘比特与阿波罗。阿波罗正在追逐身着贡萨加（Gonzaga）铠甲的达芙妮。最右边的达芙妮正要变形，阿波罗在她和她的父亲近旁，画面下方是达芙妮的父亲河神珀涅乌斯，他协助女儿挣脱了迷人的躯壳。画面出自早期威尼斯版画中的一幅杰作，《奥维德 1497 年变形记白话文》（*Ovidio metamorphoseos vulgare*，1497 年）中的木刻插图。

石材马赛克拼贴桂冠，公元 4 世纪
来自哈利卡那索斯，今属土耳其博德鲁姆半岛
114 厘米 ×114 厘米

桂冠中间是希腊语铭文。1856 年，此后担任大英博物馆古物部的负责人查尔斯·牛顿爵士（Sir Charles Newton）发现了这块马赛克。他说这片土地原属于一个名叫哈吉·卡普坦（Hadji Captan）的古突厥人。花冠中间的希腊文大意为"健康、生命、喜悦、和平、开怀、希望"——爵士称其为"非常赏心悦目的字眼，估计为旧时别墅主人廊间踱步时，目光所向之处"。[《黎凡特游记与探索 II》（*Travels and Discoveries of the Levant*，II），1865 年，第 2 卷，第 80 页。]

义。原来，莉薇娅·杜路希拉（Livia Drusilla，公元前 58—公元 29 年）与古罗马开国皇帝奥古斯都大婚时，她的膝上是一枝雄鹰衔来的月桂树枝：

随后，在恺撒的乡村宅邸，占卜师们下令保护老鹰及其衔来的所有雏鸡，鸡衔着的月桂树枝也应该种植并被虔诚地照料……从此，月桂树以不可思议之态势茁壮成林。每逢凯旋，皇帝总会手持月桂树枝，头戴用月桂叶编织的花冠。其后的罗马皇帝都沿袭了这一传统。[2]

老普林尼认为月桂是所有"人工种植并引入住宅的灌木类植物"中从未遭遇过雷击的。它的这种非凡特质给"避祸"（Dangers averted）勋章带来灵感。1588 年，在英格兰女王伊丽莎白一世的带领下，英国遭受西班牙无敌舰队"暴风雨"般的攻击，但毫发未损，正如月桂树一般。

月桂树林由多种月桂属常绿硬木组成，大多为月桂，曾广泛散布在大西洋东部的诸多岛屿——马德拉群岛、亚速尔群岛、大西洋西部的加那利群岛、中部的佛得角群岛，以及非洲大陆西北部。由于森林资源消耗严重，大面积的月桂树林现仅存于马德拉群岛。1999 年，联合国教科文组织（UNESCO）将它列为世界文化遗产。

↑ "避祸"勋章，约 1589 年
［英］尼古拉斯·希利亚德（Nicholas Hilliard，约 1547—约 1619 年）
铸金雕刻，直径 4.4 厘米

为庆祝英军大败西班牙无敌舰队而雕刻，正面刻有"伊丽莎白女王"的缩写首字母"E（lizabeth）R（egina）"，奖章背面的画面是一个小岛上，生长着一棵月桂树，在闪电和暴风雨中完好如初，并配有一行拉丁铭文，大意为"身处险境毫发无损"。

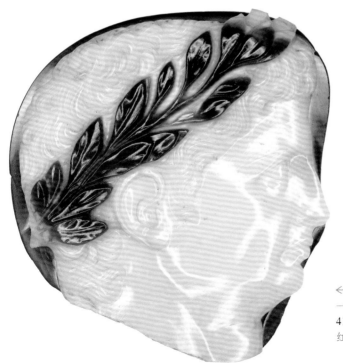

← 佩戴月桂花冠的皇帝克劳狄一世头像（emperor Claudius，41—54 年在位）41—50 年
红色缠丝玛瑙雕刻，高 6.2 厘米

苹果

令人浮想联翩的符号

拉丁学名：Malus

英文名：apple

苹果是最广泛种植的水果以及最令人浮想联翩的符号之一。作为文学及视觉艺术的主题，它遍及西方文化各个领域，从金苹果园、帕里斯的审判、人类的堕落到白雪公主，到纽约的别名，以及披头士的唱片公司和某家跨国电子消费品公司。苹果使人联想到性爱、致命诱惑和强健体魄，无与伦比的幸福以及大自然的馈赠。人类和大自然在创造苹果这一物种的过程中扮演了同样重要的角色。数千年来，在世界范围内栽培出 7500 多个苹果品种。近期的基因测定显示了它们的共同祖先——新疆野苹果——原产于中国和哈萨克斯坦接壤处的天山山系。苹果对这两个国家都意义重大：哈萨克斯坦前首都阿拉木图，旧称阿尔玛—阿纳（"苹果之父"或"苹果原产地"的意思），中国则是当今最大的苹果出口国。

西伯利亚野苹果，约 1910—1913 年
伊迪斯·道森（Edith Dawson，1862—1928 年）
彩色木刻，14.8 厘米 ×19.6 厘米

西伯利亚野苹果（山荆子），亚洲的大部分地区都有出产。伊迪斯·道森和她的丈夫都是珐琅釉彩师，在"艺术与手工艺运动"中专事装饰设计。

← 威耳廷努斯和波莫娜，约 1527 年
［意］华加的培利诺（Perino del Vega，1501—1547 年）
红色粉笔，17.6 厘米 ×13.7 厘米

这幅素描来自汉斯·斯隆爵士的博物馆遗赠，是系列雕版版画《上帝之爱》中的一幅习作，取材于《变形记》。威耳廷努斯可以幻化成不同的样貌，并且跳脱时间和年龄的限制，永远显得容光焕发。他想得到的并非波莫娜的苹果，而是这位女神。他打算动粗的念头显然也是多余的，女神同样折服于他的英俊外表，已激情难抑，神魂颠倒。（《变形记》第 767—772 页）

约一万年前，新疆野苹果的种子沿着后来的"丝绸之路"传播，路线犹如当今的中亚高速公路网。至少公元前 3000 年，苹果已经种植在古美索不达米亚的大地上。从那时起，苹果成为希腊的一种常见水果。在荷马所著《奥德赛》中，英雄奥德修斯认出了年少时拉厄尔忒斯为他种植的树："您给了我十三棵梨树、十棵苹果树以及四十棵无花果树。"[1] 父子终得相认。亚历山大大帝讨伐阿契美尼亚王朝时，远征至巴克特里亚的粟特岩山撒马尔罕附近，随从的园艺师因此有机会从中亚以及更近的美索不达米亚和小亚细亚移植苹果树。很快，罗马人掌握了这项技术，并在欧洲各处的野苹果（Malus sylvestris）树上嫁接新疆野苹果。野苹果不仅在野外生长，也成了花园设计中的装饰树种。

在威耳廷努斯的波莫娜神话故事中，奥维德这样描述苹果树嫁接的细节：

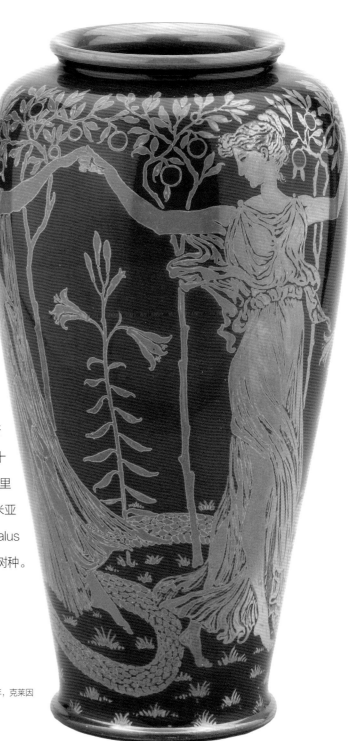

→ 陶瓶，1906 年
［英］沃尔特·克莱因（Walter Crane，1845—1915 年），兰开夏郡皮尔金顿工坊制作
猩红色底上金光釉绘制，高 33.9 厘米

瓶身图案描绘了夜之女神生活在世界尽头的乐园里（曾经认为这里指的是非洲沿岸最西边的佛得角）。1892 年，克莱因同时代的弗兰德里克·莱顿男爵绘制《赫斯帕里得斯的果园》生动地描绘了这一诗情画意的场景。

波莫娜生活在亚万缇诺斯统治时期，没有一位希腊林木女神比她更懂得照看花木，更没有人比她更全情投入于果树的栽培。她不关心森林和河流，却热爱乡村和硕果累累的苹果树。与其为沉重的标枪所累，她宁愿日日挎上奢华的弯刀，修剪杂乱的树枝，切开树皮，扦插枝条，使它能够从树干的不同部位吸收营养，茁壮成长。[2]

苹果在人类世界中多舛的命运起始于希腊神话中宙斯与赫拉的结合，以及守护赫拉金苹果园的女神，也就是赫斯珀洛斯家族的仙女们："在广袤海洋的另一端，赫斯帕里得斯姐妹们守卫着的美丽的金苹果，悬挂在金灿灿的树梢。"[3] 为了严防盗贼，赫拉在花园里安置了龙和大蛇，尽管如此，也没能挡住赫拉克勒斯成就这第十一大功绩，顺利摘下了金苹果。虽然后人怀疑这个果子其实是一个柑橘类水果，但无论如何，这个所谓的苹果迅速成了众神争夺的目标。苹果再次出现，是在阿喀琉斯的父母珀琉斯和忒提斯的婚礼上。为了报复二人没有邀请自己参加婚礼，纷争女神厄里斯送去了一只刻着"送给最美丽的女神"的金苹果。阿芙洛狄忒、雅典娜和赫拉都声称金苹果属于自己。宙斯将决定权委派给牧羊人王子帕里斯，阿芙洛狄忒最终获得了金苹果，因为她承诺让帕里斯获得全世界最美女子的芳心，也就是希腊王墨涅拉奥斯的妻子斯巴达的海伦。这个诺言从此也埋下特洛伊战争的祸根。

另一颗声名狼藉的苹果是伊甸园中智慧树上能够分辨善恶的果实，《圣经》中的这段故事对这种水果的描述模棱两可，同样没有明确其身份。不过，依据人们对图像的认识，苹果还是很快胜出。夏娃被蛇引诱——原罪的始作俑者——成了西方艺术中最具情色意味的视觉符号。

文艺复兴时期，人们对种植业的兴趣迅速增长，越来越多对植物的描绘，出自于美学、自然科学、经济学的视角。果树栽培学主要研究水果生产，为不同地域和用途选择最适合的品种。从 17 世纪晚期起，该学科成为农业和自然科学的分支。仁果类水果主要有苹果、梨、欧楂和榅桲，区别于桃子、李子、杏子和樱桃（见第 140 页）等核果类水果。除了大部分用来食用，苹果还用于制作苹果酒。苹果酒是欧洲诸多地区的重要产业和应税商品。1664 年，约翰·伊夫林同时出版了书籍《森林志》（见第 13 页）和《波莫娜以及与苹果酒相关

金苹果树旁的赫拉克勒斯，公元 1 世纪
青铜雕像，高 104.5 厘米

这尊雕像来自比布鲁斯，运输黎巴嫩雪松（见第 72 页）的腓尼基港口。公元前 64 年至公元 395 年，该地由罗马人统治。它也是查尔斯·汤利（Charles Towneley, 1737—1805 年）收藏的系列罗马雕像中的一件，1805 年由大英博物馆收购。

↑ 铜鎏金表匣，1650—1660 年
表芯由巴伐利亚弗里德贝格的赫特·恩格斯乔克（Lenhart Engelschalk）制作
手绘珐琅彩装饰，直径 5 厘米

表匣主题为帕里斯的审判。表匣的背面描绘了诱拐特洛伊的海伦的场景，帕里斯审判的恶果之一。16 世纪早期，德国南部已有钟表存在的书面证据，当时的弗里德贝格已经是钟表的制造中心。

← 亚当和夏娃，1504 年
[德] 阿尔布雷希特·丢勒（Albrecht Dürer，1471—1528 年）
雕版，25 厘米 ×19.2 厘米

丢勒为这幅版画绘制了多幅素描稿，其中的两幅收藏在大英博物馆。他对夏娃的形象尤其感兴趣，这也是他研究人体比例的巅峰之作。

→ 苹果盛宴，1828 年

［英］爱德华·卡尔弗特
（Edward Calvert，1799—
1883 年

木刻，7.8 厘米 ×13 厘米

卡尔弗特是塞缪尔·帕尔默引领的复古画派的成员，画派始于1825—1830 年间，肯特郡的肖勒姆镇是他们的"异象谷"。帕尔默的水彩画《神奇的苹果树》（1830 年）和他的众多作品一样信仰大自然，体现了神的丰饶。卡尔弗特的画则更多地体现出泛神论和异教倾向，回归到充满神话色彩的牧歌般的往昔，作品常受到忒奥克里托斯（Theocritus）和维吉尔的启发。木版画下方的宗教题词，在后续的印刷中被铲去。

← 枝上苹果，约 1585 年

［法］雅克·勒穆瓦纳（Jacques Le Moyne，约 1533—1588 年）

水彩和树胶水彩，21.4 厘米 ×14.1 厘米

勒穆瓦纳来自迪耶普，大约在1572 年，法国圣巴托洛缪大屠杀发生时，他移居伦敦。这幅画表现了苹果成熟的三个阶段，出自一套 50 幅水彩作品的组画，这组作品于 1961 年面世（见第88 页）。

的果树名录、制作和订购方法》。

　　18世纪晚期到19世纪是苹果和梨新品种传播的鼎盛时期。随着植物栽培陈列室的建成，比如班贝格自然博物馆，木制和蜡制的模型方便了人们对水果及其品系特性进行展示和研究。园艺与植物栽培学会也鼓励从业者竞相开发新的品种。早期殖民者将苹果引进美国，19世纪初，美国人又把苹果返销到英国。1821年至1822年，威廉·科贝特（William Cobbett）在肯辛顿占地四英亩的种树场引进了纽镇苹果种。

　　美国作家亨利·梭罗（见第12页）在《野苹果》一文中总结了人类与苹果的关系，此文是他1862年为《大西洋月刊》撰写的系列散文中的一篇。文章的主旨是赞美野生小苹果的特性，开篇有一段苹果历史的简短概述：

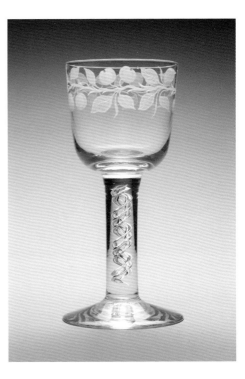

→ 苹果酒杯，1905年
詹姆斯·鲍威尔家族企业，伦敦怀特弗利玻璃工厂制造
高 16.3 厘米

这个酒杯以18世纪中期的一件藏品为原型，藏品属于一位著名的玻璃艺术品收藏家，原作于1879年发表于《古代英国玻璃器皿》（*Old English Glasses*）。

苹果树，19 世纪 60 年代

［英］迈尔斯·伯基特·福斯特（Myles Birket Foster，1825—1899 年）

石墨笔加水彩，20.1 厘米 ×25.9 厘米

伯基特·福斯特有许多描绘恬静的英式乡土生活的作品，这些正是萨里郡乡村的景色，画家于 1863 年在该处定居。

它像鸽子一样无害，像玫瑰一样美丽，同羊群和奶牛一样有价值。它的种植历史比其他植物都长，因此也更为驯顺；谁也不知道，是否如同野狗的历史一样，我们终将无法回溯它的原始野生状态（这里显然是梭罗的误解）。它像狗、马和牛那样，与人类一同迁徙，最初可能是从希腊到意大利，然后到英国，接着是美国；西部移民仍旧向着日落的方向稳步前进，苹果的种子正装在他们的口袋里，或者苹果树的幼苗早已和行李绑在一起。比起去年人工种植的数量，今年，起码有一百万棵苹果树以这种方式在更远的西部生根。试想一下，这苹果花节像安息日一样，一年又一年，在大草原上不断落脚扩张。因为人类的迁徙，同时也代表着鸟类、四足动物、昆虫、蔬菜和草皮的迁徙，果园必然也在其中。

苹果树旁的园丁，1883 年
［荷］文森特·凡·高（Vincent van Gogh，1853—1890 年）
石版画，25 厘米 ×32.5 厘米

海牙的归正会（Dutch Reformed House）为当地老年人提供住所，而这里的住户，那些"孤寡老人"成了凡·高经常描绘的模特，这幅版画来自当时的一幅素描。1882—1883 年，在海牙期间，凡·高开始尝试石版画，期望借由版画在期刊发表，扩大知名度。19 世纪 80 年代，日本木版画引起他的注意，这幅画中还未长出新叶的苹果树令人想起歌川广重的作品（第142 页）。

桑树

丝绸之路的源头

拉丁学名：Morus

英文名：mulberry

↑ 玉蚕，中国周朝，约公元前 1100—前 901 年
长 5 厘米

→ 两块丝绸残片，中国东汉，3—5 世纪
20.5 厘米 ×15.8 厘米

这两块丝绸残片可能是旗帜的顶部，发现于敦煌第 17 窟。后来在同一洞窟中，还发现了描绘佛陀在镶着宝石的菩提树下讲法的画卷（见第 96 页）。

最常遇见的桑树品种是红果桑木、黑果桑木和白桑，前两种的不同之处在于它们鲜美多汁的果实。原产于美洲东北部的红果桑木，目前已经生长在世界其他地区。黑果桑木原种植于亚洲西南部，是罗马人钟爱的水果，主要用于制造酒和糖浆。老普林尼曾评价说："人类的创造力对这种树的进化影响很小，既没有新品种，也没有嫁接带来的改变。事实上，除了桑葚的大小在精心培育下有所增长，其他方面根本没有任何变化。"[1]1608 年，英国皇室曾推广过桑树种植，为了应对奢侈品消费的不断增长，詹姆斯一世颁布了一项种植桑树的法令以鼓励丝绸生产。然而，据此推测，种植的应该是黑果桑木而非白桑。目前仍有一棵与 1608 年的这项法令相关的黑果桑树生长在剑桥大学的基督学院。黑果桑树还被写进了童谣《让我们绕过桑树丛》，这里很可能指的是监狱放风场地种植的桑树，比如约克郡的韦克菲尔德监狱至今仍有桑树生长。

从另一方面来说，东亚的白桑被认为是蚕蛾幼虫的唯一食物来源。这种幼虫生产最好的白丝：104 千克的桑叶和 3000 只蚕才能生产 1 千克丝。蚕拥有着非同一般的属性，深深地吸引了众多研究者，包括被称为"显微镜之父"的马切尔洛·马尔皮吉（Marcello Malpighi，1628—1694 年）的第一次显微镜研究。1668 年，他在博洛尼亚记录蚕的历史，并于次年被接纳为伦敦皇家学会的成员。

早在公元前 2700 年，中国已有关于蚕价值的文献。有证据表明，公元前 4000 年中国就有了养蚕的实践，是最古老的"产业化"养殖。从公元前 1 世纪下半叶起，中国的丝绸卖到印度，与西亚地区贸易往来从无到有，丝绸沿着中亚路线来到地中海地区，这一路径现称为"丝绸之路"。随后的

白桑，约 1723 年之后

[荷] 雅各布斯·范海瑟姆（Jacobus van Huysum，1687/9—1740 年）
石墨笔加水彩，37.5 厘米 ×26.5 厘米

伦敦的切尔西园艺师协会从大约 1723 年开始每月聚会，将记录的植物集结成册（见第 10 页）。

↑ 摘桑叶，18 世纪末

［日］北尾重政（Kitao Shigemasa，1739—1820 年）
木版画，23.5 厘米 ×17.8 厘米

作品出自 10 幅反映丝绸生产的系列版画。贸易与市井生活是中国和日本版画的常见题材，桑蚕业是其中很著名的一个主题。

1000 年中，中国垄断了世界的丝绸生产。其生产工艺也渐渐传入于阗国（Khotan）、朝鲜、日本和印度，公元 6 世纪到达拜占庭帝国。

　　隐藏在历史谜团中的异国情调总能勾勒出别具一格的传奇故事。关于丝绸的秘密如何从中国不胫而走就有许多传说：于阗国是中国以外第一个实践蚕丝业的中亚国家，于阗国国王为中国拒绝提供其核心技术而伤透脑筋，于是他想到了公主。他向中国公主求亲成功后，告诉公主如果婚后还想穿戴丝织品，必须设法在于阗国生产丝绸。于是，公主把桑树种子和蚕卵藏在了头饰里，避开了中国边境官员的检查。20 世纪初，匈牙利学者奥莱尔·斯坦因（Aurel Stein，1862—1943 年）曾进行了三次中亚东古探险，第一次探险时，在于阗国的佛教庙宇中发现了一块许愿板，上面描绘了这段传奇。木板的中间画着这位中国公主，一旁的侍从指着她的头饰；蚕茧在她前方的篮子里，最右边的人物旁边有一台纺织机，后边有一位四臂菩萨，手持布梳和梭子，很可能是掌管丝绸的神。

　　拜占庭帝国引进制丝工艺的故事仅有一种较确切的说法。那是在公元 552 年，东罗马帝国皇帝查士丁尼（Justinian）命令两名波斯基督教会僧侣沿丝绸之路布道，并带回来自中亚的丝绸秘方。他们走私蚕卵，在回君士坦丁堡途中一路孵化，恰好在抵达目的地时结茧。蚕丝业由阿拉伯人传播到地中海一带，包括北非。1204 年，君士坦丁堡被战争洗礼，许多熟练的手艺人离开家园，另谋出路，丝绸纺织成为一些意大利城邦的主要产业，如卢卡，以及威尼斯、热那亚、佛罗伦萨和米兰。1504 年，法国国王弗朗索瓦一世（Francois I）授予里昂丝绸生产的垄断权，在接下来的 150 年里，里昂控制着欧洲的丝绸贸易。而在东亚，女性在蚕的养殖中扮演着重要角色，丝织业更像是家庭产业。

　　16 世纪和 17 世纪的宗教迫害将一批批佛兰德和法国的手工艺人带到了英国，其中的纺织高手聚集在东盎格利亚的诺威奇和伦敦东区的斯毕塔菲尔德，后者更是对里昂的行业

↓ 描绘了丝绸公主的彩绘许愿板，出自于阗丹丹·乌里克（Dandan-Uiliq，象牙屋的所在），7—8 世纪
12 厘米 ×46 厘米

5. *Tum fronde, ramo, fascibusq̃ conditus, Se voluit, et pilæ in modum se contrahit.*

垄断形成挑战。18 世纪中期，英国建成的工厂，主要分布在康格尔顿、德比、麦克莱斯菲尔德和斯托克波特，日益激烈的行业竞争对丝织作坊规模产生影响。1845 年的一场蚕虫疫病更严重影响了欧洲的丝绸供应，加之其他纺织纤维的出现（尤其是 20 世纪的人造丝），市场开始萎缩。二战之后，日本和中国的丝织业先后重拔头筹。目前，中国是世界最大的丝绸生产国，印度紧随其后。如今，除桑蚕丝外，还有所谓"野蚕丝"，产自以其他树叶为食的柞蚕。

收集桑叶和喂养蚕，选自《蚕》（5 号板），第 2 版，安特卫普，约 1590—1600 年

［比］西奥多·加勒（Theodor Galle，1571—1633 年）雕制，菲利普斯·加勒（Philips Galle，1537—1612 年）出版版画，20.1 厘米 ×26.4 厘米

《蚕》是一套 6 张的系列版画插图，根据让·范德斯特拉特（Jan van der Straet，1523—1605）原作复制。叙述的是欧洲丝绸生产的历史和技术。该系列首页注明：献给康斯坦萨·阿玛尼（Costanza Alamanni），拉斐尔·德·美第奇（Raffaele de'Medici，1543—1629 年）的妻子，托斯卡纳地区占统治地位家族的一员。斐迪南·德·美第奇三世（Ferdinando de'Medici），1587 年至 1609 年任大公，负责监督主要的桑树种植区，保证丝绸产业的增长。安特卫普的让·范德斯特拉特，人称施特拉丹乌斯，一生中大部分时间在佛罗伦萨工作，直至 1605 年去世。该版本的版画为汉斯·斯隆爵士所有。

桑树，是根据艾萨克·克鲁克香（Isaac Cruikshank，1764—1811年）原作复制印刷成的歌谱，1808年，伦敦劳里＆惠特尔公司出版

蚀刻，铅字印刷，手上彩，28.7厘米×29厘米（画纸尺寸）

图画下方的诗句中，赞赏桑树能够抵抗"霜"（这里指的是使得其他树木枯萎的霜霉病），同时也比喻人类生命中的这种情形。歌曲结尾这样唱道："我们心如坚橡，衣似愈疮；好像那尺蠖不近的雪松，忧愁化于美酒，霉霜止步于桑树。"

122

123

**加里克骨灰盒，约
1769 年**

21.8 厘米 ×14 厘米

据传骨灰盒是用莎翁故居前
的桑树（黑果桑木）雕刻而
成的，是送给演员大卫·加
里克（David Garrick，1717
—1779 年）的礼物，祝贺他
在 1769 年被爱汶河畔的斯
特拉特福德市授予上演莎翁
作品的特权。不过，此举并
不能证明莎士比亚本人与桑
树有关。1759 年，位于新宅
（New place）的莎士比亚故
居所有者砍倒了院中的桑树，
却使它歪打正着地成了"朝
圣"的焦点。这个骨灰盒是
许多声称来自桑树的纪念品
中最华美的一个。1835 年，
由乔治·丹尼尔（George
Daniel）收藏。乔治是一位
作家，同时也是莎士比亚《第
一对开本》的收藏者，最后
他将此物遗赠大英博物馆。

橄榄

和平、希望、拯救

拉丁学名：Olea

英文名：olive

橄榄纵横，选自路易·勒冈（Louis Le Gand）《来自布罗切和罗盟古的先生》，伦敦，1656 年

[英]威廉·费索恩（William Faithorne，约 1620—1691 年）雕版，24.1 厘米 ×15.9 厘米

1641 年，谄媚查理一世的类似作品也出自勒冈，他把查理一世描绘成太阳或者向日葵。1645 年，雕版家威廉·费索恩因为在英国内战期间拥护保皇派而被监禁，最终判决改为流放法国，直至 1652 年，他才得以回到伦敦继续工作。

124

Archontas summos inter fœlicis OLIVÆ,
Primus OLIVARI nomen et omen habes.

G. Faithorne fec.

橄榄树历来颇具象征意义，不少作品均有体现，最佳代表作出现在奥利弗·克伦威尔任英联邦护国公期间（1653—1658 年），作品的唯一目的就是恭维克伦威尔。那是一幅卷首插画，旨在让人们解读其中的玄机，不过对于 17 世纪的读者来说，这样的呈现方式他们早已轻车熟路。与其说是橄榄树 ❶，不如说是奥利弗成为美德生长的根基和骨干，克伦威尔就这样承袭了古希腊、古罗马英雄的衣钵。

当然，上述仅为橄榄树地位的一个方面，橄榄树在古代的经济价值更为卓著。罗马的泰斯塔修山由 5300 万个双耳瓶的碎片构成；这些容器曾装过 60 亿升橄榄油，从而我们可以推测，橄榄油消费在公元 2 世纪达到顶峰。公元前 4 世纪左右，橄榄树才被引进意大利，比其他地方的种植晚了许久。最早的橄榄树种植记录来自约旦（公元前 5000 年）、克里特文明（公元前 4000 年）和叙利亚（公元前 3000 年）。公元前 8 世纪，赫西奥德和荷马的叙事诗中提到了希腊和爱琴海群岛已经有橄榄树种植。它也是奥德修斯最终回到伊萨卡岛时见到的第一棵树："终于，在港湾入海处站立着一棵枝干丰茂的橄榄树，树旁是一处绝佳的藏身之所。海雾令周遭一片氤氲，正是清泉女神奈德斯的供奉。"[1] 奥德修斯的守护神是雅典娜，而雅典娜主司橄榄。建造雅典的时候，她掷向大地的长矛瞬间变成了一株橄榄树。雅典城每隔 4 年便以她的名义举行泛雅典娜节，大量的橄榄油作为奖品颁出：可用于取暖、照明、烹饪，以及清洁和润滑身体。另外还有古希腊人称"洋橄榄"的，实际上是野生橄榄，与人工种植的油橄榄有所区别。野生橄榄枝常用于装饰奥林匹克运动会奖牌获得者的花环。赫拉克

❶ 橄榄（Olive），与奥利弗（Oliver）英文原名拼写仅一个字母之差。——译者注

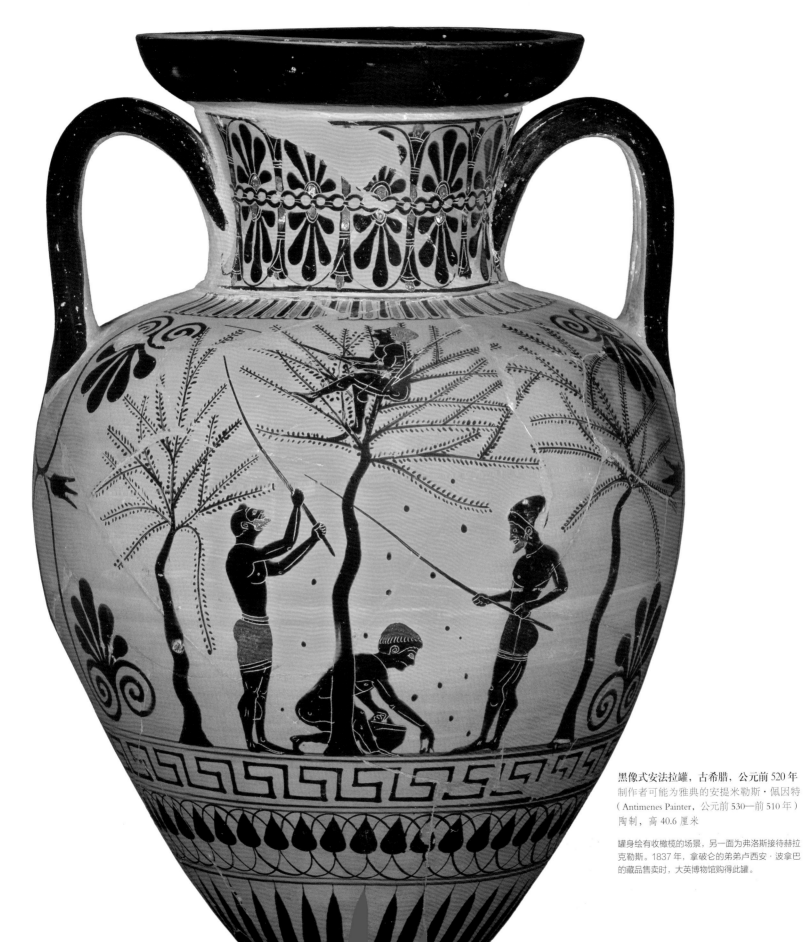

黑像式安法拉罐，古希腊，公元前 520 年
制作者可能为雅典的安提米勒斯·佩因特
（Antimenes Painter，公元前 530—前 510 年）
陶制，高 40.6 厘米

罐身绘有收橄榄的场景，另一面为弗洛斯接待赫拉
克勒斯。1837 年，拿破仑的弟弟卢西安·波拿巴
的藏品售卖时，大英博物馆购得此罐。

↑ 玻璃船印章，720—734 年
宽 3.4 厘米

印章来自倭马亚王朝（Umayyad，661—750年），第一个伊斯兰王朝，首都在大马士革。库法体（Kufic）的铭文写道："以神的名义 / 祈求欧拜杜拉阿尔哈巴 / 赐予这一季所需的 / 所有橄榄油。"

勒斯扼死猛狮用的就是一根连根拔起的野橄榄树，这株神圣的橄榄树种植在奥林匹亚，宙斯神庙的后面。

1924 年，图坦卡蒙石棺中发现数个葬礼花环，其中一顶由橄榄叶编织而成。这顶花环也成为橄榄叶在希腊之外地区使用的证据，现保存于基尤的植物标本室。

公元 1 世纪，老普林尼还在写《自然史》，橄榄树的种植已经从勒旺向西扩展到北非、意大利、西班牙和高卢（法国）。西班牙西南巴埃莱卡生长的橄榄树林，满足了罗马的大部分需求，橄榄生意也为掌握土地的精英阶级带来财富，其中包括罗马皇帝哈德良。西班牙、意大利和希腊先后垄断了橄榄油生产，直至现今。老普林尼用一整本书的篇幅介绍了橄榄树种植的方方面面，其中包括收获橄榄的最佳方式：

第三个错误是过度节约，主要表现在节省采摘费用方面。橄榄的采集通常是

← 比埃尔宝座（Biel Throne）：泛雅典娜运动会中的雅典赫罗狄斯·阿提库斯的大理石宝座，140—143 年
高 700 厘米

这是裁判座位，与左侧座位相对。右侧雕刻着橄榄树、奖台和泛雅典娜安法拉双耳瓶、橄榄油喷壶和三个花环。1801 年，由雅典大主教赠予汉密尔顿·尼斯比特夫妇，1958 年前保存于苏格兰锡安区的祖宅比埃尔之家。

等待橄榄自行熟透落地后捡拾即可。有的人想出折中做法：用竿子击落果子，这种方法会伤及树木，导致来年减产。其实，收获橄榄古已有法："不拉、不扯、不击、不打……"罗马的统治者曾授予橄榄树至高的荣誉，比如古罗马历 7 月 15 日，使用橄榄枝花冠表彰骑兵中队，日常庆功仪式也同样。雅典人则为他们的奥运会胜利者戴上洋橄榄枝花环。[2]

老普林尼在书中不赞成古希腊人把橄榄油用作消遣："在运动场上服务于奢华的需求，并成为一种惯例；据说，有些人靠出售从身体上刮下来的橄榄油及污渍就能卖 80000 塞斯泰尔斯❶。"[3]古希腊的运动员因为要裸体竞技，所以为身体涂油变得特别重要，而古罗马人也沿袭了这种传统，如图中现存的青铜盥洗器具，包含一个油罐和两个刮身板。

橄榄树的和平、和解含义源自《创世纪》中飞回挪亚方舟的鸽子衔着的橄榄枝，寓意洪水已经减退，耶和华盛怒已息。与"胜利"相比，希腊神话中的橄榄树与"和平"的联系更紧密，和平是时序女神（Horae，意为时日或季节）之一厄瑞涅的化身。另外，以玛斯·帕西弗形象出现的罗马战神玛斯也是和平的使者。早期的基督教图像学延展了和平的象征意

Accipe iam demum vectricem Numinis Arcam,
Portus, & aternis obrue delicijs.

❀❁❀

Apres cent tourbillons l'Arche espera le calme,
Quand elle vit briller le rameau de la paix :
La Vierge, que l'amour acable fous fon faix,
Attend la liberté, quand elle voit la palme.

↑ 挪亚方舟，出自《圣母玛利亚的生命》（1625—1629 年）
［法］雅克·卡洛（Jacques Callot，1592—1635）
6.1 厘米 ×8.2 厘米（图片尺寸）

27 块徽章底版之一，中文字串起圣母德行图案，1027 1028 年以手册形式出版。

127

---

❶ 古罗马最常用的货币单位。——译者注

→ 青铜盥洗器具，古罗马 1—2 世纪
发现于莱茵兰（Rhineland）
长 27 厘米和 22 厘米（刮身板）；高 9.5 厘米（油罐）

含一个油罐（aryballos）和两个刮身板，刮身板由链子连接在一起，可悬挂于墙上。

伯利恒圣诞教堂模型，17—18 世纪

橄榄木，贝壳象牙镶嵌，高 17.5 厘米

此类耶路撒冷圣墓教堂模型一般出现在 17 世纪初，适合作为
高级纪念品和礼物，赠送给富裕的参观者和外国达官显要。方
济会监制，巴勒斯坦伯利恒手工艺匠人制作。1342 年，教皇克
莱门特六世（Pope Clement VI）授予方济会照管圣地的权力。
图中的这个模型和另一圣墓教堂模型均来自汉斯·斯隆的收藏
目录。

阿普利亚牧羊人变成橄榄树，约 1657—1682 年

［法］克劳德·洛兰（Claude Lorrain，1600—1682 年）
风景画，钢笔和棕色墨水，棕色渲染，白色提亮，
19.7 厘米 ×26 厘米

这幅画出自《真理之书》（*Liber Veritatis*），大英博物馆馆藏，克劳德编纂了 1635 年与 1682 年的画作目录，以防抄袭。这个主题取材自奥维德的《变形记》，书中描述了阿普利亚的牧羊人因为卑鄙地嘲弄一群跳舞的森林女神而受到惩罚："什么都不能让他安静，直到最后，树干囚禁了他的喉咙，他变成了一棵野橄榄树，人们在品尝橄榄的时候，仍旧可以体会到牧羊人的个性。苦涩的橄榄是他的舌头留下的痕迹，粗糙刺耳的语言渐渐进入橄榄核。"（《变形记》XIV，第 519—529 页）

义，《新约》中将鸽子与圣灵洗礼相连，基督教进一步将他们与大洪水联系起来。希望、拯救、和平三重含义与"橄榄"这个简单却影响巨大的意象关系紧密，不断延续下来，最终成为世俗与宗教的共同意象。

松树

自然女神的挚爱

拉丁学名：Pinus
英文名：pine

与其他针叶树类似，松树的历史可以一直追溯到 3 亿年前。松树有 115 个品种，名目众多：狐尾松、油松、北美乔松／美国五叶松、欧洲黑松、加拿大短叶松、意大利石松／伞松（其松子是制作香蒜酱的原料）、白皮松、火炬松、海岸松和欧洲赤松。这些长青的树种耐贫瘠，常生长在酸性的土壤或沙地中，如丢勒的出生地，德国南部的纽伦堡，同时也在土质较好的地区广泛分布。松树的化石祖先和那些形成波罗的海琥珀的树种相关。如今松树作为经济林木，是木材和木浆的重要来源。松果颇具数学意义，其鳞片在两个相对的方向上螺旋排成 5 行和 8 行，正是斐波那契数列上邻近的两个数字，该数列是由比萨的莱奥纳尔多（Leonardo Pisano）世称斐波那契（Fibonacci，约 1170—约 1250 年）从阿拉伯文献中引入欧洲。19 世纪后半叶，人们才发现斐波那契数列在自然界中的体现。

在古希腊诗歌中，庇提斯是一位被潘爱着的仙子。为了躲避他的追求，她被神变成了一棵松树，可能是地中海松、土耳其松或者欧洲黑松。同样的命运也降临到牧羊人阿提丝身上。他的爱人，大地之母，自然女神希比丽令他以松树的样子复活。根据维吉尔的《埃涅阿斯纪》，松树虽然一直是自然女神的至爱，最终为了木马舰队，寻求朱庇特的庇护，她还是牺牲了它们。

有一片松林，我多年珍爱……然而
当年轻的特洛伊勇士埃涅阿斯需要一

↑ 潘与庇提斯，1850 年
［英］爱德华·卡尔弗特（Edward Calvert，1799—1883 年）
纸上油彩，19.9 厘米 ×36.3 厘米

仙女站在松树旁，回头张望藏身于林中的潘。

← 雕刻琥珀大啤酒杯，镀银基座，1640—1660 年
高 20.5 厘米

这个大啤酒杯原本属于瑞典女王克里斯蒂娜（Queen Christina，1632—1654 年在位），雕刻着象征七宗罪的人像：傲慢、妒忌、暴怒、懒惰、贪婪、贪食及色欲。以及瑞典瓦萨皇室纹章（Vasa，1521—1654 年），此酒杯很可能在加里宁格勒制造。从 13 世纪中期开始，波罗的海琥珀一直由条顿骑士（Teutonic Knights）把控。直至 16 世纪，加里宁格勒成为普鲁士公国的一部分，其原矿储量仍占据世界储量的 90%。

支舰队的时候，我乐意将松林赠予。尽管现在焦虑和恐惧使我苦恼。消除我的惊慌吧，赋予它来自母亲祈祷的力量，使得舰队永不战败，永不被任何行程摧毁，永不被狂风击碎。有我山中松树助阵，他们永远乘风破浪。[1]

海军的需求令多地松林消失殆尽。美洲东北部的北美乔松因此被乔治·韦茅斯船长看中，1605 年将其种子带回英国。一个世纪之后，一位与船长并无血缘关系的韦茅斯勋爵将其种下，用于装点郎利特庄园。然而，这种在美国东海岸蓬勃兴旺的树最终还是水土不服，在英国难以成林。18 世纪 50 年代，英国政府在当地颁发了优质树木收购法令。松树不仅能为船只提供木材，还用于捻缝和涂层防水。到 1725 年为止，英国五分之四的沥青和松焦油产自美洲殖民地。

在北美，松树的含义远超过它的经济价值。北美白松是和平之树，是易洛魁联盟的标志。

林中池塘，约 1496 年

［德］阿尔布雷希特·丢勒（Albrecht Dürer，1471—1528 年）

水彩，树胶水彩，26.2 厘米 ×36.5 厘米

这幅纽伦堡附近水域和松树的习作是汉斯·斯隆爵士的收藏，1724 年，爵士在荷兰共收藏了 5 本丢勒的画作。原作保留在大英博物馆，手稿素材和速写则归属大英图书馆。

联盟由五大部族——莫霍克人、奥奈达人、奥农达加人、卡尤加人和瑟内萨人组成；1772年之后，塔斯卡洛拉人加入。松树庇护着所有决定奉行和平法典的部族，人们将战争柄斧和其他武器埋在树下。1776年《独立宣言》颁布前，易洛魁联盟以及和平法典常被爱国人士提及，此后更成为美国宪法的框架。

在中国、日本和韩国，松树长久以来都是山区的一道风景线，品种包括华山松、日本赤松、黄山松、红松、日本五针松、新疆五针松和油松。恩格尔贝特·坎普法在《日本见闻录》（Account of Japan，1690—1692年）中这样描述当地的松树："森林中最常见的树是各种各样的松柏……这些树成排分布在山脊上，公路两侧，装饰意味甚浓。为使松树在沙地或人迹罕至的地方存活生长，人们不遗余力。任何松柏，未经允许不得砍伐，且砍伐后须补种。"

中国封建王朝第一位皇帝秦始皇（公元前247—前221年在位）为了彰显统治的坚固，沿着国界东线进行一系列祭天封禅大典，并竖碑纪念。泰山（五岳之首，据说这些山峰能接天地之灵气）封禅后下山途中，秦始皇借松树躲避风雨，为表敬谢，遂封该树为"五大夫松"。入选联合国教科文组织世界文化遗产的黄山上，就长着一些"迎客松"，据说不少已逾1500岁龄。

松树象征长寿、坚毅、不屈不挠，它们不畏严寒，常与另一"寿星"——松鹤并列（见下页水墨画）。松、竹、梅（见第140页）并称"岁寒三友"。它们或在早春（比如梅）竞放，或四时常青。唐朝诗人王维（701—761年）有《桃源行》一首，诗中的松树成为山中隐士，自在逍遥。渔人缘溪而行，遥看"一处攒云树"：

132

↑ 银质"松树"先令，铸造于1652年，发行日期却是1667—1674年
出自马萨诸塞州
直径 1.5 厘米

当时的北美殖民地货币短缺，为此，从1652年开始，之后的30年中，马萨诸塞州的殖民者开始发行自己的银币。

↓ 贝壳念珠吊袜带，1700—1770年
美国东北部林地部落族（包括易洛魁人或者阿尔冈琴人）制作
刺猬针、玻璃珠和羊毛制成，长31.5厘米

连续出现的是"和平之树"图案，蛤蚌仿制的玻璃珠和海螺制成的贝壳念珠。带子和吊袜带是重要的交易物品，17世纪、18世纪，此类手工艺品是易洛魁联盟与欧洲盟友间重要的贸易物资。吊袜带来自宾夕法尼亚画家本杰明·韦斯特（Benjamin West，1738—1820年）的工作室，他于1763年定居伦敦，在1770年和1771年的两件历史题材画作《沃尔夫将军的死亡》（沃尔夫1759年死于魁北克）和《威廉·佩恩与印第安人的条约》（1682年）中，美洲印第安人佩戴的饰品非常原汁原味。

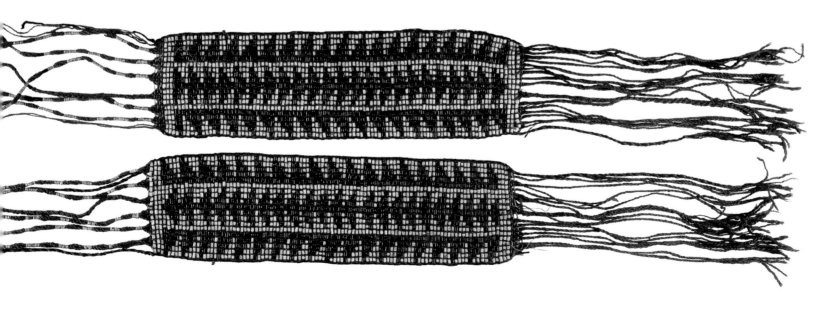

↑ 上总鹿野山中前往金雅纪寺及白鸟神社朝圣的人们
走在松柏之间，1848—1858 年
［日］歌川广重（Utagawa Hiroshige，1797—1858 年）
绢本设色，44.7 厘米 ×60.5 厘米

→ 漆艺木质印笼，日本，19 世纪
高 71 厘米

描绘了秦始皇拜谒松树的情景。印笼（Inro）是日本男人挂在腰间的盒子，内嵌隔档，放置印章和药物。到了 18 世纪，它已经变成了重要的配饰，工艺考究。"日本漆艺"（Takamakie）是一种表面加工工艺，主要使用金属粉末和生漆颜料。

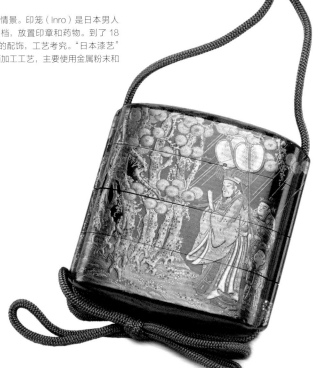

……

居人共住武陵源，还从物外起田园。

月明松下房栊静，日出云中鸡犬喧。

惊闻俗客争来集，竞引还家问都邑。

平明闾巷扫花开，薄暮渔樵乘水入。

初因避地去人间，及至成仙遂不还。[2]

……

松果也有着其专属含义。希腊神话中，松果出现在酒神的神杖之上。那是一枝缠绕着常春藤的大茴香。神杖先由酒神狄俄尼索斯和随从所持，随即也成为罗马神话中巴克斯酒神的重要标志。松果常用作罗马喷泉顶饰，最壮观的莫过于曾位于巴特农的神庙伊西斯神庙旁的松果喷泉（Fontana della Pigna）。如今这个喷泉安置于梵蒂冈城中的松果庭院中。

1924 年，意大利作曲家奥托里诺·雷斯皮吉（Ottorino Respighi，1879—1936 年）以意大利伞松为主题完成了交响诗《罗马之松》（1924 年），与《罗马喷泉》（1916 年）和《罗马节日》（1926年）组成了三部曲。《罗马之松》中的四个乐章唤醒了古罗马的荣光，古今的文明实现交融。音乐起，一幕现代场景，孩子们在博尔盖塞（Villa Borghese）庄园的松林玩着"枪杖"游戏。往昔渐渐浮现，三、四乐章名为"近陵的松树"和"雅居古伦山的松树"，最后的乐章回到"阿皮安大道"，破晓时分，一支罗马军队沿着阿皮安大道朝向卡比托利亚山顶进发。

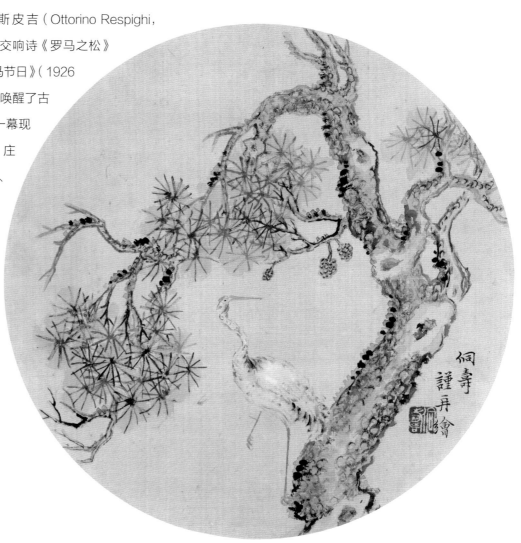

松鹤图，中国清朝，18 世纪
绢本设色，直径 23.8 厘米

此图出自画册中的一幅扇面画。

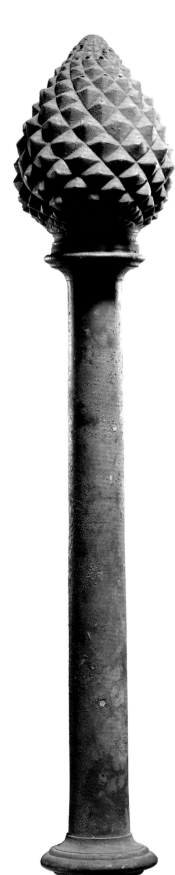

← 青铜喷泉，庞贝古城，公元 1 世纪
高 53.3 厘米

↑ 树木写生（包格吉斯别墅），1903 年
［爱］爱德华·米林顿·辛格（Edward Millington Synge，1860—1913 年）
蚀刻，19.1 厘米 ×14 厘米

← 美洲松写生，约 1741 年
［德］乔治·狄奥尼修斯·埃雷特（Georg Dionysius Ehret，1708—1770 年）
皮纸上水彩和树胶水彩，53.4 厘米 ×36.7 厘米

埃雷特生于海德堡，是一位出色的植物学绘图员，与多位同时代的顶尖博物学者均有联系。1736 年来英国之前，他在荷兰遇到了林奈。林奈当时与汉斯·斯隆爵士、切尔西药用植物园的菲利普·米勒、彼得·柯林森、波特兰公爵夫人以及牛津大学植物园合作，作品由菲利普·米勒题记，将美洲松混淆为沼泽松。后者实属晚松（Pinus serotina），而前者一般被认为是长叶松，生长于包括弗吉尼亚州在内的美国东南部。

杨树

仰慕天地的荣光

拉丁学名：Populus

英文名：poplar

庄严的树木，

树干笔直地向上生长，

仰慕天堂荣光，

整齐地排列在道路两旁，

丈量拿破仑的军队行进的方向……

林恩·莫伊尔（Lyn Mori）

《箭杆杨》，2005 年 [1]

箭杆是欧洲人最易联想到的杨树品种，他们想必都熟知拿破仑曾大力鼓励法国人种植箭杆杨。拿破仑攻打意大利时，因远处的杨树因容易进入视野而得名"哨兵"树。钻杨是黑杨的一个变种，原产于西亚，种植于 17 世纪的波斯和印度莫卧儿王朝花园，如贾汉吉尔皇帝（Jahangir，1605—1627 年在位）在克什米尔建造的夏利玛尔花园。杨树的变种源自 17 世纪意大利园艺师对"锥形""笔直"品种的选择性培植。1749 年，杨树被引进法国，1758 年入英，1784 年到达北美，随即在林荫大道和装饰风景中占据了一席之地。让·雅克·卢梭令杨树成为浪漫主义的代表，他长眠于法国北部白杨岛上的埃默农维尔公园，墓旁矗立的就是杨树林。公园的设计师，即这片土地的所有者——吉拉尔丹侯爵是卢梭的忠实拥趸，他曾在岛上居住，1778 年卒于此地。白杨岛如今已是缅怀诸多名人的圣地，如本杰明·富兰克林、托马斯·杰斐逊、丹东、罗伯斯比尔和拿破仑。

箭杆杨在法国广泛种植。它如此挺拔笔直，以至于成为法国大革命及以后时代的自由之树。自由之树原本属于美国独立战争时

黑杨

［荷］雅各布斯·范海瑟姆（Jacobus van Huysum，1687/9—1740 年）

石墨笔加水彩，37.5 厘米 ×26.5 厘米

约 1723 年之后，伦敦切尔西园艺师协会每月聚会，将记录的植物集结成册（见第 16 页）。

让·雅克·卢梭在埃
默农维尔花园的墓地，
1781 年
[法]弗朗索瓦·戈德弗鲁瓦
（Francois Godefroy，1743—
1819 年）制版，甘达（Gandat，
瑞士风景画家，1797 年卒
于埃默农维尔）原作
蚀刻，52.7 厘米 ×39.3 厘米

138

法厄同的坠落，1531—1533 年
［意］米开朗琪罗（Michelangelo，
1475—1564 年）
银尖笔底稿加黑色粉笔，31.2
厘米 ×21.5 厘米

米开朗琪罗的作品融合了奥维德
《变形记》第二卷中朱庇特用霹雳
毁掉法厄同炽烈二轮战车以及他
姐姐悲伤过度化身为树的情景。奥
维德讲述众树木聆听俄耳甫斯弹唱
时，曾提及姐妹们所变的正是杨树。

期，树上悬挂旗帜和小物件，树冠上放置弗里吉亚帽（罗马的自由标志），树种并未专定。美国种植的所谓"自由之杨树"实际为北美鹅掌楸，连杨属都不是。然而，法国的箭杆杨却名副其实。1881年，福楼拜死后，他未完成的小说《布瓦与贝居榭》（*Bouvard et Pécuchet*）得以出版。福楼拜述及自由之树（杨树）如何在革命时期被种植，又如何在革命失败之后被砍倒，以影射 1848 年武装革命和遭受的镇压。

银白杨的叶子一面白一面绿。有一种杨树叫欧洲山杨，一些经典著作中对其亦有所提及，如古希腊的赫拉克勒斯完成第 10 大功绩后受赐杨树，将其引入希腊，后人种植以示供奉。古罗马版本的大力士故事中，偷窃家畜的怪物卡库斯居住在罗马阿文丁山洞之中，山上长满白杨，赫拉克勒斯将他杀死之后，白杨则出现在庆祝胜利的头冠上。奥维德的《变形记》中赫利阿得斯（或称太阳之子）被众神变成的树很可能就是银白杨，他们为拉动太阳车的飞马套上辔具时，无意中成为其兄法厄同死亡的同谋。

杨属黑杨组（Populus sect. Aegiros）中的三个品种分布在欧洲、西亚和北美，美国通常称三叶杨。1939 年，一首由亚伯·米诺珀尔（Abel Meeropol）创作，比莉·霍利德（Billie Holliday）演唱的歌曲《怪异的果子》使它声名狼藉，歌曲描绘了非裔美国人遭受私刑时令人震惊的画面：

> 南方的树结着怪异的果，
> 叶子和树根上鲜血滴落。
> 南方的风中黑色的身躯，
> 那树上的果子晃来荡去。
> 南方的树上结着奇异的果实，
> 血红的叶，血红的根，
> 黑色的尸体随风摆荡，
> 奇异的果实悬挂在白杨树上。

杨树，1831 年

［美］C.J. 格兰特（C.J.Grant，活跃于 1830—1852 年）
蚀刻，手上彩，24.6 厘米 ×15.3 厘米

画中杨树蕴含"宪法之树"（Tree of the Constitution）的象征意义。树下的政治讨论不断发酵，最终导致了《1832 年改革大法案》（the Great Reform Bill of 1832）。树的顶部是国王威廉四世的白描头像，其下是上院议员格雷、布鲁厄姆、罗素、德汉姆，这几位都是赞成改革的辉格党。老鼠，比喻维新派，啃噬着树干，试图暗中破坏制宪。下面的文案写道："它深深扎根于本国土壤／哪惧阵阵风雨虫害／自由的民族令它独立自主／终将结出果实迎接朝阳。"

梅、杏、桃及樱桃

傲雪迎春，绚染绽放

拉丁学名：Prunus

英文名：plum, apricot, peach and cherry

李属树木兼具观赏性和实用性，栽种历史悠久，它们包括梅、杏、桃和樱桃。这些树木在东亚地区尤其享有盛誉，主要因为它们花期怒放的绚丽，还由于杏、桃果实本身的丰富含义。

中国人心目中的梅代表寒冬里春的使者，有坚韧长寿之意。它冬末盛放，接应绿叶的萌发，花生五瓣，分别寓意五福，即长寿、富贵、康宁、好德和善终。中华文化中，梅花居"岁寒三友"（与松、竹）和"花中四君子"（与兰、菊、竹）之列。四君子乃四季花卉的代表，春兰、夏竹、秋菊及冬梅是也。"岁寒三友"象征坚韧、正直和谦逊。"三友"的喻象最先见于诗文，10世纪首次出现在宋朝画作中，常常代表了中国儒、释、道三大宗教，以及君子文人的理想品格，这一思想也为毛泽东所接受。毛泽东爱好书法，通诗文，他的诗作更增其威信。1963年，毛泽东之前所作诗词出版，其中有1961年所作《卜算子·咏梅》。该词与唐朝诗人陆游（733—804年）❶的《咏梅》遥相应和：

❶ 原文如此。但陆游应是南宋诗人，生活年代为1125—1201年。——编者注

风雨送春归，

飞雪迎春到。

已是悬崖百丈冰，

犹有花枝俏。

俏也不争春，

只把春来报。

待到山花烂漫时，

她在丛中笑。[1]

理查德·尼克松回忆自己1972年访华时，周恩来总理曾这样阐释

梅花仕女卷轴，约1500年
[明] 仇英（约1494—1552年），画家，属吴门画派
水墨，绢本设色，102.7厘米 × 50.7厘米

140

← 五彩花卉压手杯，中国清朝，康熙年间（1662—1722 年）

高度约为 5 厘米

彩绘图案，从上到下分别是梅花、杏花和桃花，出自康熙五彩十二月令花卉杯系列，每只代表一种季节的树、花或者灌木。这些是 18 世纪早期流行式样的罕见珍藏。

↑ 出自日本狩野派（Kano School）之手，17 世纪早期，安土桃山时代（Momoyama period, 1573—1603 年）或江户时代（Edo Period, 1603—1868 年）

纸上墨汁，色彩和金箔，176 厘米 ×191 厘米

两扇屏风上绘有一株红梅和一截破败的竹竿。

龟户梅屋，1857 年

[日] 歌川广重（Utagawa Hiroshige，1797—1858 年）

彩色木刻，35 厘米 ×22.8 厘米

"名胜江户百景"（东京）系列中的第 30 幅。前院的树被称作歇龙梅（Resting Dragon Plum），因其长枝垂至地面而得名。

该词的含义：先行者往往不能看到功成事毕的那一天，当花朵悉数怒放，先驱们却已准备好凋零谢幕。1976 年，已走下总统宝座的尼克松回到中国时，周恩来已与世长辞。

1859 年以后，伴随着日本正式开港，李属花卉的视觉和意象之美也随着日本的装饰艺术传至西方，木版画尤其如此。歌川广重（Utagawa Hiroshige）最后的木版名画系列《名胜江户百景》（*100 Views of Edo*，1856—1858 年）中即有一幅特征鲜明的《龟户梅屋》。1887 年，凡·高看到此画，用油画技法对其进行了临摹。

杏树和桃树沿丝绸之路及亚历山大大帝的征战传入欧洲。虽然长期以来，人们仍然认为杏树起源于亚美尼亚，而桃树源于波斯。1713 年康熙皇帝（1662—1722 年在位）六十大寿，瓷盘上绘三枝杏枝，喜鹊一只，有"连中三元"喜庆吉祥之意。喜鹊是报喜之鸟，三枝杏枝分别指科举考试中乡试、会试、殿试夺魁。杏树农历二月开花，正是殿试时节。此时，所有会试中选者受邀，前往皇家"杏林"（Apricot Grove）参加探花宴。

桃花、杏花是中国农历春节的传统装饰，人们在室内放置杏树、桃树盆栽，枝头的花儿寓意来年兴旺发达。而这些树木的果实本身也有特殊含义，譬如桃象征长寿。传说中的西王母（又称王母娘娘）居昆仑山圣境，是道教的重要人物，她常与昆仑山寿桃一起入画。那些桃树每三千年才开一次花，再三千年方结一次果。

古罗马人于公元 1 世纪开始种植杏树和桃树。老普林尼曾写道："桃树引进较晚，生长缓慢，不能结果。罗兹岛是桃树离开埃及后首次异地种植之地。"[2]16 世纪时英国才出现有关桃树的培植记录。1542 年，亨利八世的园艺师从意大利带回杏树幼苗，受到表彰。1613 年，莎士比亚与约翰·弗莱彻（John Fletcher）合写的《两个贵族亲戚》中，一位叫帕拉蒙的贵族充满妒意地谈论杏树以期俘获爱人的芳心：

……

我能不能

放弃今生来世的一切财富，

只愿成为那棵小树，

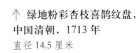

↑ 绿地粉彩杏枝喜鹊纹盘，
中国清朝，1713 年
直径 14.5 厘米

盘中绘有喜鹊及果实累累的杏枝。

← 杏，1779 年
[英]玛丽·德拉尼（Mary Delany，1700—1788 年）
植物拼贴画：彩纸、树胶水彩、水彩、叶片标本，黑色墨水底，28.6 厘米 ×22.4 厘米

↑ 桃，约 1585 年

[法]雅克·勒穆瓦纳（Jacques Le Moyne，约 1533—1588 年）

羊皮纸上树胶水彩与水彩，21.3 厘米 ×14 厘米

整套果木水彩画集 1961 年面世。（见第 114 页）

← 宜兴制造的陶水注，中国清朝，18 世纪

长 16.8 厘米

水注为读书人案几用品，练习书法时与砚台配用，水注中的水滴入砚台磨墨，桃子形状寓意吉祥。

→ 粉彩九桃瓶，中国清朝，雍正时期
（1723—1735 年在位）

高 52 厘米

瓶身绘有桃及花枝。瓶上所绘 9 枚桃子代表至阳（阳气），有永恒长久之意。

↑ 庆祝中国共产党建党 70 周年海报，1991 年
平版印刷，41.7 厘米 ×30 厘米

146

↓ 硬质瓷奶壶、有盖的糖罐和边碟，出自"多纳泰罗"（Donatello）晚餐系列，用于盛装茶和咖啡，约 1910—1922 年制
罗森塔尔（Rosenthal Porzellanmanufaktur）陶瓷公司生产
奶壶高 12.5 厘米，糖罐高 9.1 厘米，边碟直径 20.5 厘米

"多纳泰罗"系列是这家公司 20 世纪初以来最精美的套系，造型设计于 1905 年。朱利叶斯-威廉·古尔德布兰森（Julius-Vilhelm Guldbransen）1909 年加盟后，为其添加了甜樱桃图案，并于次年担任艺术部总监。

那棵开花的杏树。

我要肆意地张开双臂，

探进她的心窗，

为她奉上果子，

犹如侍奉神灵。[3]

"花见"，即"赏花"，是日本人于花树下野餐的一种古老传统。此处的花树最初指梅花。但是到了 12 世纪，"赏花"活动已与观赏性强的樱树联系起来，也就是当今的日本樱花或山樱桃。文学作品中首次出现樱花是在紫式部所著的《源氏物语》中，该书成书于 11 世纪，书中第 8 章描写了"樱花节"的盛况。起初，樱花节的活动仅限于皇室成员参与，随后逐渐扩展至其他阶层。江户时代（Edo period，1603—1868 年）已基本普及。如今日本的赏樱花季从南至北，一月至二月初主要在日本南部，三月至四月则北上，到达京都和东京地区。

身处 17 世纪末欣欣向荣的长崎，恩格尔贝特·坎普法（见第 64 页）写道："种植樱树和野李子树就是为了那绚丽非凡的花朵。经过栽培繁育，这些花朵已如同复瓣玫瑰般大小，满树的樱花齐齐绽放，如雪蓬发，艳若血染。各处住宅寺院，皆以此为最佳装饰。"[4] 樱花开放的奇观也激发了不少日本民间故事创作灵感，如《樱花因谁而盛开》。这个故事也出现在安德鲁·朗（Andrew Lang，1844—1912 年）的作品《爱嫉妒的邻居》中，并收入朗著名的世界童话集——1901 年的《紫色童话》。故事中的老者有个特别的米臼，能把大米变成黄金。当善妒的邻居弄碎并烧毁了米臼，老人便将灰烬撒向光秃秃的樱树。樱花在隆冬时节突然开放，赢得了路过的大领主的欢心，老者也因此获得丰厚的奖赏。

19 世纪晚期，日本的许多樱树品种已在欧洲和北美不少地区种植，比如大山樱、大岛樱以及山樱。当然，其他樱树品种早已有之。对欧洲樱树化石的年代测定表明，甜樱桃也就是野樱桃至少在公元前 3000 年之前已经被食用。与之关系最为密切的欧洲酸樱桃

↑ 樱花因谁而盛开，1890—1920 年
[日] 尾形月耕（Ogata Gekko，1859—1920 年）
彩色木刻，36.7 厘米 ×25.3 厘米

→ 歌舞伎（Kabuki）穿
的丝绸和服，20 世纪早期
长 208 厘米

刺绣樱花图案的和服，两层丝质
衬里，一层饰有樱桃图案。此和
服由男演员穿着（只有男人可以
出现在歌舞伎剧场），饰演"花
子"（Hanako）——舞剧中的
年轻女主角，1753 年首演。

树到达西欧前，曾在亚洲西南部、土耳其和希腊种植。据老普林尼记载，卢修斯·卢库鲁
斯（Lucius Lucullus，公元前 117—前 56 年）战胜米特里达梯是在公元前 74 年。在
此之前，意大利尚无樱桃树。是卢库鲁斯最先从平都引进了樱桃树，120 年后，"樱桃树
横跨大洋，一路抵达英国……阿珀多尼安樱桃最红，卢塔提安樱桃最黑，而塞西利安樱桃
最圆"。[5]

橡树

力量与耐力的象征

拉丁学名：Quercus

英文名：oak

常绿乔木橡树拥有 600 多个品种，生长区域覆盖欧亚和美洲。作为力量与耐力的象征，橡树从古至今与众多地方传说、民族传奇、皇室故事密切相关，它是古希腊众神之王宙斯以及北欧雷神托尔的圣物。

在希腊西北部的多多那，宙斯神殿的中心——希腊最古老的神谕之处——有一棵橡树（可能是大磷栎）。根据古希腊作家希罗多德（Herodotus，公元前 484—前 425 年）的说法，神话中有来自古埃及底比斯的一只通人语的黑鸽，它告诉人们："那里应有宙斯的神谕。"[1]在荷马的《奥德赛》中，英雄奥德修斯去往多多那"倾听高大茂盛的神橡树叶沙沙作响，那声音代表着宙斯的意志，是在晓谕他多年后返回绿意葱茏的故乡伊萨卡的路线"。[2]

金质橡叶花冠属古希腊神庙和圣殿遗物，也见于马其顿、意大利南部、小亚细亚和黑海北部地区的丧葬礼制中。最近出土的一顶花冠即来自公元前 4 世纪古马其顿首都埃加伊（Aegae）。老普林尼曾这样描述古罗马人授予橡叶花环的风俗：

同样在北部，是一片辽阔的海西橡树林，岁月逝去，它依然矗立，仿佛与这世界共存已

↓ 船头木雕装饰，4—6 世纪
发现于比利时斯海尔德河
橡木，高 149 厘米

此雕饰曾被认为来自维京人，碳 14 分析的结果为原船只与古罗马晚期或日耳曼时期有关，故年代较维京人更早。

← 蜂蝉橡叶花环，古希腊，公元前 350—前 300 年
长 7.7 厘米，直径 23 厘米

据说发掘自爱琴海和黑海的通道达达尼尔海峡（Dardanelles）附近的土耳其墓葬。

John Dunstall fecit.

西汉姆普内特附近的截去树梢的橡树，约 1660 年

奇切斯特

［英］约翰·邓斯托（John Dunstall，卒于 1693 年）

羊皮纸上水彩加石墨笔，13.4 厘米 ×16 厘米

遗嘱中自称为校长的邓斯托留有手稿《轮廓与绘画的艺术，六卷本》（ The Art of Delineation or Drawing.In Six Books ）。其中三本的主题为树、花和水果。他讲求描绘上帝所造之物的精神追求，强调这种精神追求对 "塑造淑女品质" 的意义，对画家、版画家及其他艺术家的实用价值。

久，超越一切奇观的永恒……几乎全部都可结果，历来为罗马时代专享的尊荣。罗马军队英勇的荣耀徽章——槲叶环（Civic Wreaths）即由橡树叶制成。多年过去，槲叶环仍代表了君主的仁厚宽广。槲叶环起初由冬青栎叶制成。此后人们则更偏爱栗栎叶（大磷栎的可能性更大），栗栎也是朱庇特的圣树。[3]

橡果的经济价值和象征意义同等重要。根据老普林尼的说法，西班牙各地的人们习惯将橡果晒干、磨粉后制成面包，登上餐桌，"无论属于何种民族，当时人们的财富中就包括橡果，和平年代也如此。"[4]

老普林尼所提到的"西海橡林"横跨今天的德国南部，从西边的黑森林到东部的喀尔巴阡山。18 世纪、19 世纪时，此类古林的某些特征已成为德国文化和民族身份的重要组成部分。激发出这种民族认同感的关键人物是英勇的赫尔曼。公元 9 年，这位日耳曼部落首领

帕拉蒙（Palamon）的橡树，1798 年

［德］卡尔·威廉·科尔比（Carl Wilhelm Kolbe，1759—1835 年）

蚀刻，57.8 厘米 ×74.2 厘米

主题取材于德高望重的瑞士作家和诗人萨洛蒙·格斯纳（Salomon Gessner，1730—1788 年）所作的田园诗。牧羊人伊达斯和弥康正在橡树荫里休息，追忆起帕拉蒙的美德，很久之前，帕拉蒙曾向潘神祈祷能够增加他神圣的羊群的数量，这样不仅可以与邻人分享也可以祭献潘神。当他的祈祷得到回应，帕拉蒙种下了橡树敬奉给潘神。

在森林中大败罗马人。古罗马时代历史学家塔西佗（Tacitus，约50—120年）的记叙（约公元120年）成为德国诗人克洛普施托克（F.G.Klopstock，1724—1803年）三首颂歌的素材。其中1767年的《赫尔曼之战》最为有名。1813年莱比锡战役中，普鲁士与奥地利、俄罗斯共同击败拿破仑，被誉为又一次"赫尔曼的胜利"。"自由之战"期间及战后，森林成为自由与团结的象征。

德国版画家卡尔·威廉·科尔比（Carl Wilhelm Kolbe）钟爱树木主题，因而得名"橡树科尔比"。他曾写道："树木成全了我的艺术。如若天堂之中没有了树，我的心将不能安宁。"[5]此外，他十分讲求森林与德国民族性在各种视觉层面上的贴合。1806年至1809年拿破仑战争期间，科尔比曾发表文章比较德法两种语言，以证明前者天生表现力优异，属于祖语或者人类原始语言，优于人为修饰的浪漫语言，譬如法语。从科尔比牧歌式的作品中那茂密掩映下的林中空地，到卡斯帕·大卫·弗里德里希（Caspar David Friedrich，1774—1840年）画笔下枝叶稀少的孤树，橡树成了德国浪漫主义视觉语汇中的重要元素。

英国威廉·布莱克作有《耶路撒冷》诗，诗中"阿尔比恩栎林"主要种植英国栎及无梗花栎。17世纪末，美洲东北部引进的新品种栗栎和解红栎并不带"本土"象征意义。罗伯特·赫里克（Robert Herrick）的诗作《致安西亚》（To Anthea，1633年）中曾提及某个教区传统，名为"教区打边"，即教区界线上如种橡树，须在树旁诵读福音（因而有"福音橡站"之说）：

亲爱的，请将我葬在——

在神圣的橡树下。

那福音之树会让你：

每年游行时，

虽看不到我，

却会想起我。

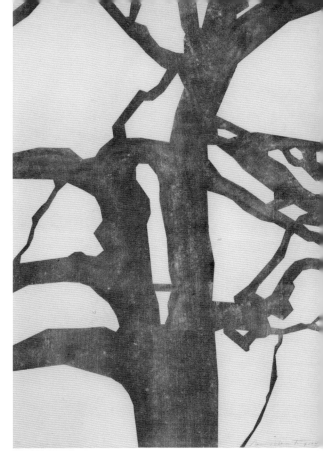

↑ 阿尔塔：露丝，选自3组版画，2004年
［加］大卫·拉比诺维奇（David Rabinowitch，1943—）
木刻，69厘米×50厘米

这位加拿大雕塑家、版画家和绘图员，1972年起曾在欧洲工作，主要是在德国。2002—2004年间他创作名为《阿尔塔》的三组13幅作品，灵感来自故乡威斯巴登的古橡树。在内罗山俯瞰威斯巴登，处处可见千年橡树。黑塞森州北部的莱茵哈特是德国最大的森林区域之一，以橡树和山毛榉闻名。

151

← 橡叶三重冠，约1855年
金银镶嵌钻石，宽4.8厘米（中央花束），宽9.3厘米（外围花束和发梳基座）、16.3厘米（饰环）

花冠被设计成三个分开的花枝束，可做不同的组合，包含一枚胸针、两枚梳钗，外盒上的首字母和小冠冕泄露了这组饰品的主人可能是玛丽子爵夫人波特曼（Mary Viscountess Portman），很有可能是其1855年19岁成婚时的礼品。青年女性一般婚后佩戴橡叶饰品，橡木因其坚实的木质成为忠诚的象征。[6]

橡树虽历来受宠，但也躲不了为材毁林的灾难。青铜时代伊始，橡树干掏空制成的原木船已在内陆航道行驶。古罗马人曾大肆砍伐英国南部的橡林，只为造船业和采矿业提供燃料。1664 年，伊夫林在《森林志》（见第 13 页）一书中谴责当时国家的窘迫现实。橡树资源的不足则一直是争论的焦点，詹姆斯·惠勒（James Wheeler）曾写有《保全幼年橡树之德鲁伊教义》。不过，海军建设毁橡，却同时成全了橡树寓意国之强大。1759 年，威廉·博伊斯作曲，演员大卫·加里克填词的歌曲《橡树之心》成了英国皇家海军军歌。

"1664 年，查理二世造访布莱克沃尔，视察了一艘即将起航的全新战舰，甲板刚刚漆过，舰名'皇家橡树'"，上述记载出自塞缪尔·佩皮斯（Samuel Pepys）《皇家橡树号》一书。同年，"皇家橡树"在朴次茅斯下水，该舰名来源于查理二世伍斯特战败后为躲过敌军，在博斯科尔贝的一棵橡树中藏身的经历，该树后来受封"皇家橡树"。此举还催生当地多家同名旅馆。查理二世复辟后，将自己的生辰 5 月 29 日定为"复辟纪念日"。

橡树还与克伦威尔推翻的英国所谓的"正当"宪法有关。1649 年，在一幅矛头直指处死查理一世的讽刺版画中，克伦威尔站在地狱入口，指挥人们摧毁"英国皇家橡树"。被切掉树冠的橡树象征对查理一世的哀悼，同时一株橡树幼苗从连根拔起的老橡树根上蓬勃而出，并配以"重获繁盛"（REVIRESCIT）字样。这一标志后来为 18 世纪雅各派人士所用，成为其标志。即使在 1746 年，"年轻的王位觊觎者"——快乐小王子查理（Young Pretender Bonnie Prince Charlie）[1] 在卡洛登败北，仍有感情用事的大臣效忠。"重获繁盛"的标志还出现在的纪念版酒杯上。橡树协会订制纪念章上也有其身影，纪念章用于该协会在伦敦斯特兰德区的圣克莱门特·戴恩（教堂举行的"金冠与锚"，Crown and Anchor）聚会。毫无疑问，纪念章的设计初衷是给查理王子募款。这位王子 1750 年潜回伦敦，藏身斯特兰德附近。他会见雅各派人士，与某个英国教派一同领受圣餐，以示担任新教君主的意愿。他们甚至考虑袭击伦敦塔，最终却因力量不足而作罢。

老普林尼这样定义德鲁伊人：

橡树协会订制的橡树纪念章，1750 年
［英］托马斯·平戈（Thomas Pingo，1714—1776 年）
银质 直径 3.3 厘米

纪念章的正面是查尔斯·爱德华·斯图亚特王子——年轻的王位觊觎者的半身像。反面是枯死的橡树旁欣欣向荣的橡树幼苗以及铭文"重获繁盛"。橡树俱乐部成立于 1749 年，每位会员缴纳 1 基尼[2] 会费，就能获得铜质纪念章一枚。俱乐部铸造的纪念章 283 枚为铜质，50 枚为锡质，102 枚为银质，6 枚为金质。需要银质或金质纪念章的会员需要补交超出会费的差价部分。

❶ 即斯图亚特家族的查尔斯·爱德华·斯图亚特（Charles Edward Stuart，1720—1788 年）。他领导了著名的 1746 年在苏格兰高地卡洛登的叛乱。——编者注

❷ Guinea，英国旧时金币，值一镑一先令。——编者注

← 英国皇家橡树，1649 年
出自克莱门特·沃克（Clement Walker）所著的《独立的历史》（Anarchie Anglicana）第二部分的卷首插图
蚀刻加雕版，17.3 厘米 ×23.3 厘米

橡树枝上悬挂的很可能是国王的圣像（Eikon Basilike），被称为基督教的殉道者的查理一世的遗嘱在他行刑后 10 天才得以出版。树上还悬挂了圣经、皇冠、权杖、皇家徽章、英国大宪章以及其他法律章程。

152

"他们（高卢人的省份）称德鲁伊人为魔法师，他们最神圣的物件是槲寄生，而槲寄生的宿主就是山栎。"[6]17世纪、18世纪中，随着巨石阵和传统浪漫色彩鲜明的"凯尔特边区"被发掘出来，大不列颠群岛的居民们对远古的纪念碑产生了浓厚的兴趣。18世纪晚期，数量惊人的文学作品献礼人们遐想中的德鲁伊哲学、诗文和科学成就，他们对神秘大自然的膜拜也受到推崇。[7]共济会的出现令各种德鲁伊社团纷纷成立，这些社团延续了共济会的理想和对礼仪的热爱。1791年首演的莫扎特歌剧《魔笛》便充盈着共济会繁复的象征主义。帕米娜交给塔米诺的那支魔笛据说由千年橡木制成。"亘古德鲁伊教会"（Ancient Order of Druids）于1781年在伦敦成立；1833年，教会离析，大部分成员主张保持教团的友善传统，为愿意学习神秘事务的会员及其家庭提供便利条件。少部分成员退出，另立"联合亘古德鲁伊教会"（United Ancient Order of Druids，存在至今）。1846年教会一度在英格兰和威尔士及海外数国拥有330座聚会堂。

19世纪之后，凯尔特民间传说蓬勃发展，橡树、梣树（见第98页）和圣荆（见第168页）被誉为魔法三树，在古罗马人和诺曼底人入侵之前深深根植于大不列颠群岛的民族认同感中。拉迪亚德·吉卜林在儿童历史小说《普克山的小精灵》（Puck of Pook's Hill，1906年）开头有一首关于树的诗，便弥漫着这种浪漫景致：

← **传统德鲁伊教会徽章，1836年**
银质，蓝色底贴金箔，长9.9厘米

徽章上为盾牌及3棵橡树，德鲁伊人居中，勇士们头戴橡叶顶饰，花环和乐器围绕在铭文周围。这枚徽章由德鲁伊聚会堂"勒铎兄弟会"（Brothers of Ladoe）赠予约翰·海尔曼（John Hairman），以表彰其1836年3月25日前效力于"大德鲁伊"（N.A.）。

↑ **施釉陶瓷盘，1670—1680年**
［英］托马斯·托夫特（Thomas Toft，卒于1689年）
直径50.5厘米

查理二世躲藏在橡树中，两侧是狮子和独角兽，也是英国皇冠上的纹章兽。托夫特的作品广受好评，据说，1671—1689年间曾在斯塔福德郡工作。卒时一贫如洗，葬于特伦特河畔的斯托克城。

154

芬奇利附近的橡树，1853 年

［英］埃德蒙·马里纳·希尔（Edmund
Marriner Gill，1820—1894 年）

水彩，24.8 厘米 ×15.3 厘米

希尔本来是一名肖像画家，1841 年在伯明翰遇
到大卫·考克斯（David Cox）之后转向风景。
1842 年到 1886 年间在皇家美术学院展出的作品，
获得"瀑布希尔"（Waterfall Gill）的绰号。米德
尔塞克斯的芬奇利（Finchley in Middlesex）逐
渐成为伦敦北部的入城通道。1739 年，大盗特平
在约克郡被处决之后，途中的标志性橡树更名为
特平橡树。

从古至今树木纷繁，

美者三木橡椴圣荆。

橡生陶泥植史悠悠，

豪杰英雄老不及它。

椴长沃土家中闺秀，

开国元勋尚在绿林。

圣荆亲历新邑初建，

都城宏伟始于弹丸。

鸿蒙初开三大奇树，

沧海桑田无出其右。

↑《温莎的风流娘儿们》表演肖像，扮演猎人赫恩，约 1793 年

马修·威廉·彼得斯牧师（Rev. Matthew William Peters，1741/2—1814 年）

水彩，34.7 厘米 × 44.5 厘米

此画可能作于 1793 年，是一幅由麦克林的莎士比亚美术馆出版的版画习作。

《橡树之心》的作者大卫·加里克，曾是奠定并一手推动了莎士比亚成为英国"民族诗人"地位的主要推手。19 世纪掀起的这股风潮中涌现出不少遗迹，均取材于温莎大公园橡木，它们与《温莎的风流娘儿们》第 4 幕第 4 场中猎人赫恩的鬼魂颇有渊源。1791 年，威廉·吉尔平（见第 48 页）"认出"了这棵 1863 年被狂风刮倒的树。它之所以重要，是因为维多利亚女王曾将木材赠予大英博物馆，并用其制成箱橱自用。木雕师威廉·佩里（William Perry）曾在温莎获得此树的几段，后制成各式纪念品，其中有 1866 年莎士比亚作品首个对开本书盒（现存华盛顿特区佛杰莎士比亚图书馆）。次年，吉尔平发表了《赫恩橡树考之原版幼树》，专门对此进行正本清源。

↓《温莎的风流娘儿们》中提到的赫恩橡树木，来自温莎大公园

51.5 厘米 × 45 厘米

柳树

伤痛的情怀

拉丁学名：Salix

英文名：willow

政治哭柳，1791 年 5 月 13 日

威廉·霍兰（William Holland，1757—1815 年）出版

蚀刻版画，手上彩，31.3 厘米 ×24.7 厘米

这张图讽刺了 1791 年 5 月 6 日下议院著名事件，埃德蒙·伯克（Edmund Burke）宣布与查尔斯·詹姆斯·福克斯绝交，其失声痛哭，原因在于福克斯对法国大革命大加赞赏。伯克与之绝交，并声明"被诅咒的法兰西共和国毒害一切"。

THE POLITICAL WEEPING WILLOW.

我们曾在巴比伦的河边坐下，一追想锡安就哭了。

我们把琴挂在那里的柳树上。

《钦定版圣经·诗篇》第 137 篇，第 1—2 节

　　柳树，一般称为垂柳，公认的悲伤痛苦之树。垂柳学名"babylonica"出自《圣经》中犹太人流放巴比伦的叙述，如上述引文。和其他许多柳树品种一样，它们起源于中国西部，17 世纪晚期才引入欧洲。1748 年首次出现栽种记录——弗农先生种于特威克纳姆。因不耐霜冻，柳树在英国曾大面积绝种。如今常见的柳属植物垂柳为人工培育，拉丁学名"Chrysocoma"，由中国垂柳与欧洲白柳杂交而成。

　　垂柳与黄华柳、紫皮柳和杨树（见第 136 页）同属杨柳科，这些树生长周期短，在各种土壤和气候条件下均可培植。白柳和爆竹柳是北欧常见的品种。柳条常用于编篮筐，柳木则用于制作板球拍。柳树常沿河岸种植，运河旁也很常见，目的在于防止水土流失。莱昂纳多·达·芬奇曾研究伦巴第阿达河（米兰公国和威尼斯共和国国界线）改作运河的办法。他发现垂柳非但不曾损坏河岸，它的根更可有助于河岸加固。柳树在荷兰也广为种植，伦勃朗与凡·高的画作中均有体现。截顶是一种限制树木尺寸的修剪方法，伦勃朗的画笔下的圣哲罗姆（St.Jerome）就坐在截顶柳旁。画家选择了"人工"景观，而非自然景观，像其他艺术家那样选取沙漠或荒原来衬托这位 4 世纪忏悔的圣人（如丢勒 1512 年的版画作品）。

　　美洲印第安人不仅利用垂柳（如黄线柳、细叶柳、沙洲柳或狼尾柳）制作各种物件，也利用它的药用价值。柳树内皮是水杨苷的原料，阿司匹林（1897 年首次注册专利）的有效成分，主要用于缓解疼痛和消炎。柳枝的力度、韧性和轻便性使它成为篮筐编织、婴儿背篓和各种座位靠背的理

截顶柳树旁的圣哲罗姆，
1648 年
［荷］伦勃朗·哈尔曼松·范
莱因（Rembrandt van Harmensz
Rijn，1606—1669 年）
蚀刻加干刻，18 厘米 ×
13.3 厘米

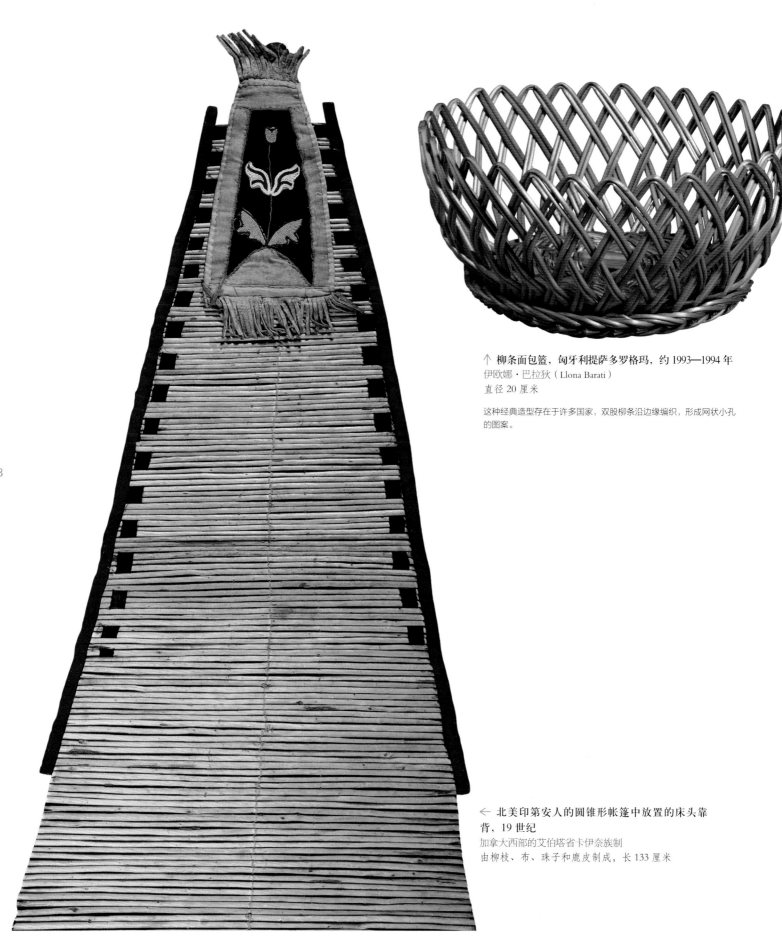

↑ 柳条面包篮，匈牙利提萨多罗格玛，约 1993—1994 年
伊欧娜·巴拉狄（Llona Barati）
直径 20 厘米

这种经典造型存在于许多国家，双股柳条沿边缘编织，形成网状小孔
的图案。

← 北美印第安人的圆锥形帐篷中放置的床头靠
背，19 世纪
加拿大西部的艾伯塔省卡伊奈族制
由柳枝、布、珠子和鹿皮制成，长 133 厘米

← 柳树白色瓷盘，蓝色套印，1826—1841 年
由位于赫尔河畔金斯顿的贝尔维尤陶瓷公司（Belle Vue Pottery）制造
直径 25.4 厘米

想用材。褐色柳也称美国柳，是遍及加拿大和美国东北部缅因州到马里兰州的本土品种。这种柳树是雕版师制作纸币防伪标记的材料。1730 年起，本杰明·富兰克林开始印制宾夕法尼亚、新泽西和特拉华三州通用纸币。1739 年，受自然主义者雕版师约瑟夫·布瑞特诺尔（Joseph Breintnall）影响，富兰克林开始在纸币反面复制叶子图案。约瑟夫的手法是将叶子蘸墨汁后直接放在折叠的纸间，滚轴压印后形成"自然版画"。富兰克林认为，没有一种伪造技术能够与原版一模一样，如同布瑞特诺尔宣称，他自创的"自然版画"是"全宇宙最伟大最优秀雕版师的作品"那样。

柳树在中国象征驱走黑暗，带来光明。农历新年人们在门上悬挂柳枝驱邪。柳树也是大慈大悲观世音菩萨的圣物。这位菩萨出现时手上总少不了插有柳枝的玉净瓶（见第 27 页）。曾经在英国风行的柳树图案陶瓷灵感虽来自"中国风"，但与中国传统和中国陶瓷并无更多关联，只是代表这种引进图案的名称而已。英国制陶师托马斯·明顿（Thomas Minton）因 1790 年引进柳树图案而获嘉奖，他的陶瓷厂与众多仿效者一同创造了史上最畅销产品系列。他们阐述的"中国式"园林的卖点有效提高了陶瓷产品的销量。

↑ 1779 年 1 月 14 日宾夕法尼亚州发行的 35 美元面值大陆币
霍尔与塞勒斯（Hall and Sellers）印制
9.3 厘米 ×7.1 厘米

紫杉

拒腐防朽，弓箭良器

拉丁学名：Taxus
英文名：yew

Poet IOHN SAXY upon his YEW-TREE Nov. 1729.

1729 年 11 月，诗人约翰·萨克西站在他修剪的紫杉树上，古哈灵顿紫杉较粗一侧，1770 年

［英］詹姆斯·威格利（James Wigley，1700—1782 年）
雕刻版画，34.9 厘米 × 25 厘米

那紫杉，

罗顿河谷的荣耀。

它仍然孤单伫立，

忧伤一如往昔。

无论家族征战荒野

或驰骋海疆

……

它总无动于衷爱憎不表，

硕大身躯深沉而忧郁。

孤独的紫杉啊！

它的生命，

行进如此缓慢，

以至不曾腐朽。

威廉·华兹华斯（William Wordsworth）
《紫杉树》，作于 1803 年，1815 年出版

　　这首诗中，华兹华斯继续赞颂"博罗代尔峡谷里的四兄弟 / 聚集在这片广阔而庄严的林中"。在北欧，紫杉是令人难忘的，提到它，会让人联想到高龄、庄严，常常还有忧郁。紫杉在英国和法国的教堂、墓地中很常见，而且树龄通常超过教堂本身。紫杉与死亡这个词的联系来自古希腊神话，它生长在冥界入口处的珀耳塞福涅林中。虽然传说中的紫杉对试图借其荫佑者一律企图扼杀，对英国人来说，枝叶长青的紫杉不仅象征着死亡，还有复活。

　　英国最年长的紫杉是苏格兰泰湖旁的福廷欧紫杉，树龄在 2000 岁到 5000 岁之间。古董家、博物学者戴恩斯·巴林顿（Daines Barrington，1727/8—1800 年）于 1769 年首

Taxus baccata
Yew Tree

欧洲紫杉树，1776 年
10 月 16 日
［英］玛丽·德拉尼（Mary
Delany，1700—1788 年）
植物拼贴画：彩纸、树
胶水彩、水彩、黑色墨
水底，24.2 厘米 ×17.3
厘米

↑ 弓箭制造商托马斯·韦林（Thomas Waring）的名片，1806 年

雕版，11.6 厘米 ×7.5 厘米

托马斯·韦林的生产地址离贝德福德广场很远，却靠近大英博物馆。这张名片收藏者为约瑟夫·班克斯（见第 4 页）的妹妹萨拉·索菲娅·班克斯。

次测得它的周长为 52 英尺 ❶。另外一棵令英国民众神往的是哈灵顿紫杉，大约 900 岁高龄。它因靠近伦敦希斯罗机场而被自然资源保护论者作为反对建设第 3 条跑道的理由。18 世纪，它被描绘成"修剪过"的样式，并配有约翰·萨克西（John Saxy），这另类树木形象设计"修剪师"的大作：

各位主人，如您许可这样的设计，

修剪师萨克西愿意为之屈尊，

给他戴上紫杉花冠而非月桂。（见月桂，第 106 页）

对为您修剪树木约翰多些慈仁，

他四肢酸痛却仍哼着小曲。

17 世纪植物修剪在英国蔚然成风。不过 1713 年 9 月亚历山大·蒲柏（Alexander Pope，1688—1744 年）在《卫报》上发表文章《青翠的雕塑》，对植物修剪大加讥讽。蒲柏嘲弄的作品类型中，提到了"紫杉树里的亚当和夏娃，在风暴摧毁的知识树旁，亚当疲劳憔悴，夏娃和巨蛇却显得精力旺盛"。他还写道："我们的研究似乎已经与自然背道而驰，不仅仅是因为把植物修剪成最普通和形式化的样子，更有那些荒谬的尝试已大大逾越了艺术的界限。"撇开约翰·萨克西不谈，蒲柏如能亲见今天"原生态"生长的哈灵顿紫杉，

↑ 动物形状彩绘棍棒，阿拉斯加的特林吉特人（Tlingit people）制作，19 世纪

紫杉木雕刻，长 56 厘米

1741 年，俄罗斯人最先和特林吉特人有所交往，1867 年通过割让条约，阿拉斯加划归美国管辖。

❶ 约合 13 米。——译者注

定会释怀。

　　紫杉木的抗拉强度使它成为制作弓箭的良材。当然，巨大的需求量消耗了相当大的储备。13 世纪晚期，英国已经开始进口制弓材料。类似的短缺也席卷了北欧，那里的紫杉木供给从未饱和过，即便是战事中火炮已替代了弓箭。18 世纪晚期，箭术复兴，成为一项男女皆宜的体育消遣，西班牙和意大利进口的杉木才满足了这项新的需求。

　　太平洋紫杉沿着美国西北部和加拿大的海岸线生长。美国当地人用它来制作形形色色的产品，从弓、枪托和独木舟船桨到家具和乐器。它的防腐性能卓越，又具有医药用途。现代药理学从太平洋紫杉中也获益良多，它的针叶和树皮中所含有的紫杉酚是抗癌药品的成分之一。

← **木质打击乐器，用于击打木板，早于 1780 年**
不列颠哥伦比亚，诺特卡湾西北沿岸的原住民制造
长 32 厘米

乐器的主体是整块太平洋杉树干和树枝，以及云杉（有可能是阿拉斯加云杉）树根和雪松（可能是北美乔柏）树皮。1778 年，库克船长驶过一片他称之为乔治王海湾（King George's Sound）的水域后上岸。船长在他第三次和最后一次太平洋行程中两次抵达这里，18 世纪 80 年代，该水域更名为努特卡海湾（Nootka Sound）。传说这种乐器只有两件存世，其中一件由约瑟夫·班克斯爵士捐赠给大英博物馆。

紫杉树，近伯明翰
［英］海伦·阿林厄姆（Helen Allingham，1848—1926 年），诺斯菲尔德
灰色墨水渲染，19 厘米 ×13.7 厘米

1862 年父亲过世之后，海伦·阿林厄姆搬到伯明翰。她在伯明翰设计学校学习并考入了伦敦的皇家艺术学院，也是首批就读该学院的女性之一。她在乡村风景水彩画及插图创作领域享有较高声誉。

可可

欧洲富人必备

拉丁学名：Theobroma cacao
英文名：cacao tree

它以皇家的贡品和饮品的身份出场，之后跻身现代欧洲富裕时尚阶层必备用品之列，在大英博物馆创始人汉斯·斯隆的财富中地位显赫。可可源自中美洲，种植者为玛雅人和墨西哥人（阿兹特克人）。对他们来说，巧克力属皇室饮品，有着神圣的渊源（"Theobroma"，植物双名法的第一部分，古希腊语中意为"神的食物"）。可可豆经过烘焙、磨粉，加水后用金银或木制勺迅速混合，高位倒入杯中，可获得丰富泡沫。冷饮时可加入玉米碎、香料或蜂蜜。特诺奇提特兰（在今墨西哥城地下）1502 年到 1520 年间的最高统领莫克特苏马所饮巧克力均装盛于巧克力金杯中。莫克特苏马统治时期以及此后西班牙殖民时期，可可豆既用作货币，也是贡品。大英博物馆藏墨西哥人插图手稿《金斯布罗抄本》便记录了 1550 年前缴纳的西班牙贡品。其中 1526 年，墨西哥城的西班牙官员贡萨洛·德萨拉查（Gonzalo de Salazar）开列的贡品清单中有"可可豆，16000 粒，已磨；鞋，400 双；罐，200 个；巧克力杯，40 只（彩绘）"。

16 世纪可可（饮料名，而非植物）引入欧洲，成了

可可树叶与豆荚，出自《梅里安手绘苏里南昆虫集》1701—1705 年）
［德］玛丽亚·西比拉·梅里安（Maria Sibylla Merian，1647—1717 年）
水彩，钢笔和墨水，羊皮纸上灰色色粉，36 厘米 × 28.2 厘米

画集是 91 幅画作合集，为汉斯·斯隆爵士所有。

164

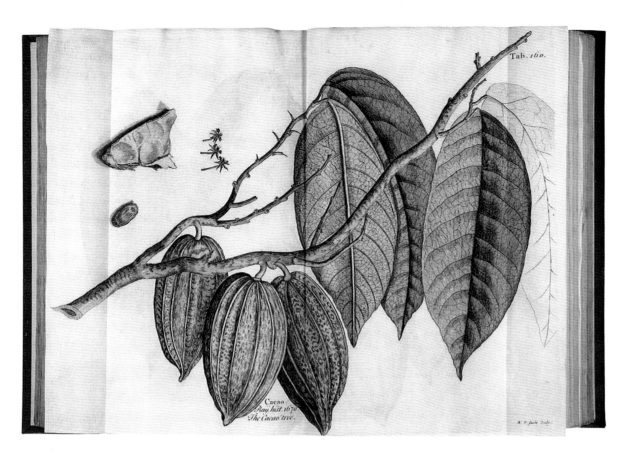

← 可可树叶与豆荚，图片选自汉斯·斯隆爵士收藏的《牙买加自然史》第 2 卷，1725 年，版号 160

[荷] 迈克尔·范德古特（Michael van der Gucht，1660—1725 年）临摹，爱德华·凯丘斯（Edward Kickius）原作

下议院图书馆藏，借展于大英博物馆。

富裕阶层的流行饮品（高昂的进口税限制了它的销量），常作消食药品使用。17 世纪中期，饮用可可在英国渐受追捧。可可最早开卖于 1650 年的牛津，伦敦首家售卖可可的店也在 1657 年主教门区开业。位于伦敦圣詹姆斯区的两家店——怀特家（1693 年成立）和可可树（1698 年成立）是 18 世纪保守党支持者们喜爱的聚会场所，至今仍然如此。此后不久，二者均变身为会员俱乐部，饮料售卖渐渐让位于赌场下注。

1687 年，汉斯·斯隆正身处牙买加，是总督阿尔伯马尔公爵二世的私人医生，这份经历也让他亲自搜集到了可可树及其产品的一手资料。他在 1725 年所著的《牙买加自然史》第 2 卷中描述道："果实通常在 1 月和 5 月收获。挖出果核，冲去核上黏液，置于席垫上晒干……饮用前，印第安人在陶片上再次将其烘干，用石头磨成粉后，加入水和胡椒，这样的配方更适合粗人而非绅士。"与"粗人"相反，斯隆专为"绅士"设计了一款牛奶巧克力配方，吉百利公司后来获得了此配方。不过，斯隆爵士并非该配方的唯一创始人，1662 年亨利·施图贝已出版《印第安甘露》（又名《巧克力一席谈》），当中已对此有所提及。施图

↓ 帕默斯顿巧克力金杯，大约 1700 年

[英] 约翰·沙尔捷（John Chartier，活跃于 1698—1731 年），伦敦制造

高 6.5 厘米

使用者为安娜·胡布隆，此人后来成为帕默斯顿子爵夫人，1735 年去世。巧克力杯是一种奢侈品，这一对尤其如此。子爵夫人去世后，这对杯子由其夫亨利·坦普尔（Henry Temple，帕默斯顿第一子爵，约 1673—1757 年）继承。她在 1726 年 9 月 4 日的遗嘱中如此描述这对杯子："以后这对小一些的金杯权当你记得我去了，我也是你最喜欢和最忠诚的一个朋友。"子爵家族有使用丧礼戒指熔铸金杯的习俗，对杯中的一只杯座及把手内侧分别刻有"逝者圣物"（Sacred to the departed）及"未尝过痛苦便不配有甜蜜"（He has not deserved sweet who has not tasted bitter），另一只则刻有"我们为逝者而饮"（Let us drink to the dead）和"念友祭亡"（Think on yr friends and Death as the chief）。

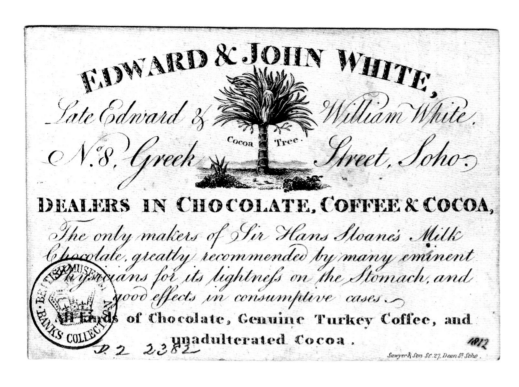

← 爱德华与约翰·怀特（Edward & John White)
的名片，约 1812 年

理查德·索耶（Richard Sawyer 活跃于 1807—1819 年）
雕刻铜版，6.1 厘米 ×9 厘米

名片上的文字意为："巧克力、咖啡和可可的经销商，地址是伦
敦苏豪（Soho）区，希腊街 8 号。汉斯·斯隆爵士所饮用的牛
奶巧克力的唯一生产商。饮用对胃部不刺激，对肺病患者有益，
名医推荐。怀特售卖各种巧克力、地道的土耳其咖啡和纯可可。"

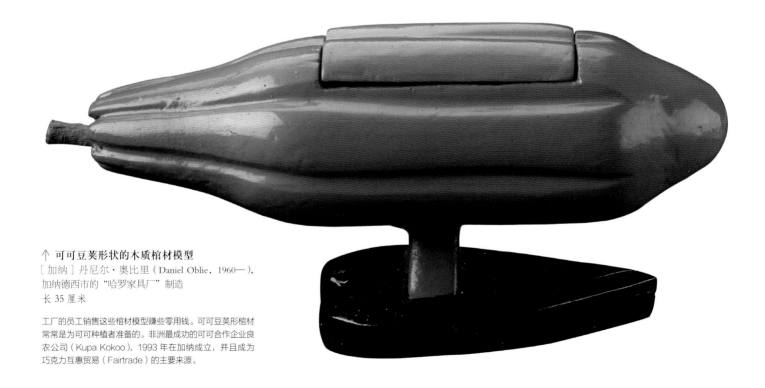

↑ 可可豆荚形状的木质棺材模型

［加纳］丹尼尔·奥比里（Daniel Oblie，1960—），
加纳德西市的"哈罗家具厂"制造

长 35 厘米

工厂的员工销售这些棺材模型赚些零用钱。可可豆荚形棺材
常常是为可可种植者准备的。非洲最成功的可可合作企业良
农公司（Kupa Kokoo），1993 年在加纳成立，并且成为
巧克力互惠贸易（Fairtrade）的主要来源。

← 长椅，图片出自 7 幅机油墨印刷的丝网版画合集《新闻、猫叫、长椅、啤酒、炖菜和税》，1970 年，阿勒库图出版社出版
［美］埃德·鲁沙（Ed Ruscha，1937— ）
45.6 厘米 ×68.6 厘米

《长椅》被印在好时巧克力味糖浆、坎普咖啡和浓缩菊苣的包装上。鲁沙作为美国重要的波普艺术家之一，于 1970 年威尼斯双年展时，在美国馆的房间里堆满以巧克力酱为颜料，丝网印制的布单。

贝后来成为牙买加国王的御医。

玛丽亚·西比拉·梅里安（Maria Sibylla Merian）是一位来自德国法兰克福的艺术家，自然主义学者。她 1699 年到 1701 年间前往南美洲的荷兰殖民地苏里南探险，她在记录异域植物方面比斯隆爵士造诣更深。虽然昆虫是她最感兴趣的研究领域，她的昆虫插图中也包括昆虫的食物，因而这些插画本身也成为精美的植物图册。可可树给她的印象是："这些树在苏里南生长得非常好。不过，这种树不好种，它们需要高大树木的保护，避免阳光暴晒。"

在非洲和美洲最不发达的国家中，可可是许多小农场的生计来源，因而十分重要。目前科学研究也在进一步揭示可可的潜力。2010 年，研究者们完成了克里奥洛可可的基因序列测定。约 3000 年前，玛雅人最先种植这种可可，用于制作高级黑巧克力。在已经测定的 28798 个基因中，除开在日化和制药领域的关键成分——可可脂基因外，还发现了有助于抵御疾病的基因。

↓ 出售巧克力酱的小贩，20 世纪 80 年代
墨西哥普埃布拉（Pueblas）
陶质，高 4.5 厘米

枣树

耶稣荆冠

拉丁学名：Ziziphus

英文名：jujube

印度枣（也叫中国苹果），选自收录 58 种植物的画集，19 世纪早期
东印度公司开设的学校绘制
树胶水彩，49.2 厘米 ×32.9 厘米

植物园集子里的画作为威廉·罗克斯伯勒（William Roxburgh）雇佣当地画家创作。1793—1813 年，威廉担任加尔各答植物园的高管。植物园于 1787 年由东印度公司的吉德（Colonel Kyd）上校成立，并获得基尤植物园园长约瑟夫·班克斯爵士的支持，班克斯看中了它"促进公共事业和科学发展"的潜力。罗克斯伯勒大大扩充了植物的品种，并牵头整理了印度花卉综合考察记录。他去世后，以记录为基础的《印度花卉》(Flora Indica）一书 1820 年、1824 年两次出版。

小而多刺是枣属各品种的特征，它们所结的枣果是世界主要水果之一。几千年来枣树的种植遍及亚洲和地中海东部的许多地区。它们木质坚硬，可入药，是主要蜜源，也是紫胶虫的宿主。紫胶虫脂可用于制造抛光剂和清漆。老普林尼记载："昔兰尼加（利比亚东部沿海地区）的枣莲位列滨枣之下。枣莲具有灌木的属性，果实更红，几乎无果核，可直接食用，如浸于葡萄酒中则味愈佳，同时果汁本身也会增加酒的风味。"[1]

《可兰经》中提及的滨枣被穆斯林尊称为锡德树（sidr，见第 28 页）。正因为如此，滨枣是伊斯兰庭院的重要林木。2010 年，卡塔尔多哈的一座园林开园，滨枣是开园之木。滨枣在耶路撒冷附近广泛分布，人们曾笃信耶稣的荆棘之冠用材即为滨枣。荆棘之冠与十字架是耶稣受难和牺牲最具说服力的象征。即便到了当代，这种联系并未有所减弱。针对二战及战后的情形，艺术家格雷厄姆·萨瑟兰（Graham Sutherland）以荆棘之冠为题材创作了系列画作——"布满荆棘的脑袋"。作品受到了 1946 年受邀为北安普顿郡圣马太教堂所作《耶稣受难像》和二战集中营受害者照片的启发。萨瑟兰风景画中的荆棘树已经成为他所说的"一种对十字架受难及头颅受难残酷性的诠释"。

5 世纪早期，荆棘之冠第一次作为耶路撒冷的圣物被提及。之后的 500 年中，有关荆棘之冠所在地的证据不断被发现。随后，它被转移到基督教圣物的集中地之一——东罗马帝国的首都君士坦丁堡。1204 年，君士坦丁堡遭洗劫，不少圣物遭典当或变卖。1239 年到 1241 年间，法国国王路易十一世（圣路易）获得了荆冠、部分十字架及其他一些关于耶稣受难的圣物。他将上述物品带回巴黎，并专建圣礼拜堂予以存放。尽管礼拜堂在法国大革命期间被劫掠，荆冠、十字架的碎片，还有据说是耶稣被钉十字架时的钉子均得以保全。1801 年，这些圣物作为拿破仑与天主教会契约的一部分，移交巴黎圣母院。它们会在每月的第一个星期五、大斋节期间的每个周五以及耶稣受难日公开展出。

**戴荆冠的耶稣头像，
1894—1895年**

［法］奥迪隆·雷东（Odilon
Redon，1840—1916年）
木炭条，黑色色粉和黑
色铅笔，52.2厘米×
37.9厘米

雷东以此主题创作了一系列
画作，十分符合他对于幻想中
的头像以及超然理念的兴趣。
然而，他很抗拒作品被贴上基
督教艺术的标签。1895年，
英国艺术赞助人阿尔贝·爱
德华·泰伯（Albert Edward
Tebb）与雷东同在伦敦，并
从雷东手上购得此画。

圣荆棘圣物箱，约 1390—1400 年制成

[法] 让·贝里公爵（Jean duc de Berry，
1340—1416 年）委托匠人制作

金、珐琅彩和宝石，高 30.5 厘米

这件圣物呈现了奢华版的最后的审判，圣父和威严的
耶稣俯视着天使小号手们。让·贝里公爵专事在布尔
日宫殿附近修建圣礼拜堂，用以收藏圣荆棘及其他圣
物，他的墓地也在同一地点。

巴黎圣母院收到的荆冠是一个由北欧灯芯草扭结在一起的头环，滨枣刺编入其中，以方便一根根取下，作为最高级别的礼遇赠予他人。在路易十一世得到它之前，荆棘已广为流通。当圣物仍在耶路撒冷时，拜占庭的伊雷娜女皇（Byzantine empress Irene）赠送了一根给法兰克王国国王查理曼大帝（Charlemagne，King of the Franks），后者将其存放在亚琛——公元 800 年查理曼大帝加冕为神圣罗马帝国皇帝之地。路易十一世更是送出了许多这样的礼物，特别是给法国皇室成员，之后又沿着宗谱继续传递。插图中盛放荆棘的奢华圣物箱在 14 世纪晚期制成，由法兰西王查理五世赠予其弟让·贝里公爵（Jean duc de Berry，1340—1416 年）。[2] 大英博物馆还藏有另一圣物——吊坠盒，内装圣荆棘一枚，成品约在 1340 年之后，与腓力六世（Philip VI）及其皇后勃艮第的让娜（Jeanne de Bourgogne）有关。第三枚圣荆棘藏于英格兰北部斯托尼赫斯特学院，为苏格兰玛丽女王所有。1558 年她与当时的法国太子（后成为弗朗索瓦二世，1560 年逝世）大婚时获赠一枚双生刺。1594 年，双生刺上交耶稣会时被分开，分别单独存放于圣物箱中。据说斯托尼赫斯特的圣物箱里还装着玛丽女王的一串珍珠。这样，珍珠也成为祭品，将玛丽的死刑与耶稣受难联系起来。

圣荆节及天主教献荆冠弥撒曾是都铎王朝早期英国宗教生活的一大盛事。约 1526—1530 年，作曲家约翰·塔弗纳（John Taverner，约 1490—1545 年）创作了《西风弥撒》，只是没过几年，他就追随 1536 年脱离罗马天主教会权威的亨利八世成为一名执着的改革者。荆冠的象征寓意体现在英国宗教改革之后的一幅著名卷首插画中。插画来自《国王的圣像》一书，该书被称为查理一世最后的遗嘱，于 1649 年 2 月 9 日出版，距离查理一世上断头台的日子刚过去 10 日。画中手持荆冠的查理目不转睛地看着天国荣冠，他人间的皇冠却被丢弃在一旁，诠释堪称完美。此书仅在 1649 年就再版 36 次，致使议会委托约翰·弥尔顿（John Milton，1608—1674 年）写《偶像破坏者》（Eikonklastes）对此予以反击。

↑ 滨枣枝
［荷］雅各布斯·范海瑟姆（Jacobus van Huysum，1687/9—1740 年）
水彩加石墨笔，37.5 厘米 ×26.5 厘米

约 1723 年后（见第 75 页），每月伦敦园艺师协会活动时记录植物的名称，开集结成册。

← 《国王的圣像——查理一世传记》卷首插画，1649 年
［英］威廉·马歇尔（William Marshall，活跃于 1617—1649 年）
蚀刻加雕版，26.6 厘米 ×16.7 厘米

后记

森林都去哪儿了?

树木全都被挖走,

植物馆里种一种。

随即伸手向前来,

要看请给一块五。

失去之时才醒悟,

惊觉身家曾富有。

天堂乐园填铺忙,

转眼变身停车场。

乔妮·米切尔 ❶

《黄色出租车》,1970 年 [1]

管人类试图赋予森林浪漫色彩,为它注入生命之灵气,崇拜每片森林,每株树木。然而历史上人类却在连续不断地砍伐森林又极少偿还。不论是为建停车场而夷平天堂,还是为获取能源、造船的木材和其他建筑用材,抑或是为修路、造纸、清地造田、牧牛、采掘,森林几乎没有一处一时不被如此掠夺破坏。青铜器时代,塞浦路斯的金属工业最终因为缺乏合适的能源而崩溃。阿耳忒弥斯是希腊神话中的森林女神,她位于以弗所的圣殿周遭环境已不如往昔。古罗马人砍伐了非洲北部、英国南部许多地区的林木,这仅仅是其中的两处。

❶ 乔妮·米切尔(Joni Mitchell,1943—),加拿大有重要影响力的传奇音乐家、画家、诗人、社会观察者。她经常通过自己的创作发表政治、环保、女权等观点。——编者注

铜质奖章:我的一棵树,1985 年
[英] 罗纳德·彭内尔(Ronald Pennell,1935—)
直径 4.9 厘米

艺术家这样写道:"奖章的正面描绘的是有人用独轮手推车运走最后一棵古树,可能要运往博物馆。巨蛇,这个在神话和基督教故事里常常出现的角色目睹了这一切。奖章的反面描绘的是贫瘠的土地上有三棵已经死去的树。我是一个乐观主义者,但是,生活在今天的每个人都应该时不时想一想——不知何时、何地、何种方式,这一切终将结束?"(马克·琼斯《当代英国奖章》,伦敦,1986 年,第 51 页)

夜叉女紧抱婆罗双树支架，1 世纪

砂岩雕刻

高 65 厘米

夜叉女是一个吉祥小神，支架来自桑奇大塔
（Great Stupa at Sanchi），印度中央邦的博
帕尔以北佛教圣骨匣丘。她拥抱着婆罗双树
（Shala）使它绽放花朵，这是一个前佛教时
期的生育习俗，用来确定吉祥方位。

《伊索寓言》中的警世故事《树与斧子》讲述了樵夫来到森林中，恳请树木给予他一个斧柄。掌管森林的大树立即同意了他的请求，毫不犹豫地给了他一株小梣树。斧柄刚弄好，斧子就砍向了那棵勇于牺牲自己的树。大树们见其如此对待获赠之物，哭喊道："唉！唉！我们还没有被消灭，却毁在了我们自己手上。一点点赠予却毁了我们的全部，如果没有牺牲梣树的生命，我们还可以生长很久啊。"威廉·吉尔平（见第48页）是风景中"如画"（picturesque）理论的代表人物，他在《森林景象的说明》（1791年）中写道："只要是有经济价值的树，都无法成长为如画的风景。"与此同时，英国农业部的第一任部长约翰·辛克莱爵士（Sir John Sinclair）1803年曾大声疾呼："让我们不要再为了埃及的解放或者征服马耳他而沾沾自喜，让我们征服芬奇利公地、豪恩斯洛荒原以及埃平森林来为我们的发展而服务吧。"[2]

森林面积因为圈地而锐减，公地转变为私有，威廉·科贝特在《乡村记事》（1822—1826年）中对此提出了批评。他进一步猛烈抨击种植错误树种的行为，这也是旺加里·马塔伊（Wangari Maathai，1940—2011年）的最后一篇文章的主题，马塔伊是东非绿带运动（Green Belt Movement）的肯尼亚创始人、2004年诺贝尔和平奖得主。2011年是国际森林年，马塔伊批评了以牺牲本土植物为代价而引进外国品种的破坏力：

> 原生林对环境的最大利好之一在于调节气候和降雨，通过搜集和保持雨水，这些森林将水分缓慢地释放到泉水、小溪以及河流中，以减少地表径流，控制水土流失。原生林木在当地精神文化生活中也扮演着重要角色。
>
> 外来树种，比如松树和桉树，无法这样造福环境。它们只会消灭其他大部分的植物和动物。就像是入侵物种，它们制造出一片没有野生动植物、灌木和水的"沉默森林"。[3]

人类对环境的破坏一直在持续，而且问题正日渐恶化。下面仅举一例：马达加斯加（见

174

奥里萨之树，1982 年
［印］迪纳班杜·马哈帕特罗（Dinabandhu Mahapatra）
柞绸上绘制，236 厘米 ×118 厘米

这些树暗指克里希纳（Krishna）和拉达（Radha）之间的风韵情事，出自 12 世纪诗作《哥文达之歌》（*Gita Govinda*）。这件作品是印度东部城邦奥里萨（Orissa）［现在更名为奥迪萨（Odisha）］的图书馆馆藏手稿的复制品，那里广阔的森林正因采矿及其相关工业活动而备受威胁。

↑ **纪念受赐埃平森林，1882 年**

［英］查尔斯·威纳（Charles Wiener，1832—1888 年）

直径 7.6 厘米

正面是维多利亚女王的半身像，反面有铭文："埃平森林，1882 年 5 月，为了使我的人民一直使用和享有这片美丽的森林而做出的牺牲带给我极大的满足。"

第 3 页）闻名于世的生物多样性"热点地区"在过去的 75 年中森林覆盖率降低了 80%。不过，这种破坏或忽视森林环境的做法具有的危险性人类早有认识。本书引用的古典文献里就涵盖了合理利用自然资源的精髓。加之 19 世纪末以来，人们认识到保障公共利益离不开对环境的保护和悉心管理，从而推进了环境立法。1878 年的《埃平森林法案》从圈地运动中挽救了一片土地，4 年之后，维多利亚女王将这片森林作为"礼物"赐给了她的子民，因而得名"人民森林"。马塔伊曾写道，保护尼日利亚奥绍博城郊的奥孙圣林，揭示了社群与森林之间心理和文化上的联结何其重要。那里是送子女神的住所，属于优鲁巴的万神殿之一，也是尼日利亚南部主要乔木林地的最后残存，每年都有节庆活动在此举行。联合国教科文组织已将一些林区纳入保护范围，包括黎巴嫩北部的"雪松"圣林，因其重大的宗教意义，维多利亚女王 1876 年出资筑起石墙。如今，环保主义者意识到仅仅保护这些专门划出的国家公园和世界文化遗产还远远不够，保护措施的实施范围还应扩大到周边地区。

植物园或者"树木馆"并非树木墓地，而是充满生机的收藏，是在世界范围内宣传保护和培育相应物种的阵地。基尤千禧年种子银行计划（Millennium Seedbank）及其 120 个合作伙伴已遍及 54 个国家，他们收集并保存的种子超过全世界野生植物种类的十分之一，且优先搜集濒危植物。我们迄今最重大的发现是瓦勒迈松，这一新发现的品种之前只出现在 6500 万年前的化石中。这项发现之令人兴奋的程度不亚于儒勒·凡尔纳 100 多年前在《地心游记》（见第 17 页）中畅想的那样。瓦勒迈属和贝壳杉属（包括新西兰松树）以及智利南美杉有关，这三种"属"都归在南洋杉科下。自 2006 年繁殖计划开始，瓦勒迈松先后种植于澳大利亚的植物园和世界其他地区，它在不同环境中的生存能力得到了验证。2011 年夏天，它在大英博物馆的前院扎下了根。

2008 年到 2012 年，大英博物馆与基尤皇家植物园合作，在博物馆门前展示了一系列景观。

↓ **瓦勒迈松，2011 年**

大英博物馆展示的澳大利亚景观，由大英博物馆与基尤皇家植物园合作植物栖息地系列之四。

这个项目旨在展示研究机构的成果，倡导不同文化之间的理解，支持全世界范围内对生物多样性的保护，呼吁人们对每一种物质——动物、植物、矿物——赖以生存的脆弱生态系统面临的威胁提高警觉。这些来自中国、印度、南非、澳大利亚和北美的景观引发了参观者的感慨，为他们在现代都市营造了"闹中取静"的氛围。借用 W.H. 奥登在本书前言中的诗句，大英博物馆与基尤皇家植物园的事业其实是在努力让林木"侥幸过活"，参观者的感慨本质上也说明这份事业的重要性。如果说，以赛亚书（10：19）中"他林中剩下的树必稀少，就是孩子也能数对"的骇人预言不会应验，那么，请不妨读一读圣埃克絮佩里的《风沙星辰》（1939 年）。这位法国作家在回忆录中描述了自己如何在图阿雷格游牧人的陪伴下从撒哈拉来到塞内加尔。初见树林的他热泪盈眶，而这片树林此前一直被认为只存在于《可兰经》中。树木的确揭示了一个人、一个社会或者一个国家灵魂的方方面面。

2008 年大英博物馆展出的中国景观

Scotch Fir   American Fir   Larch Fir   Willows   Willows   Elm   Beech   Ash

附录

参考文献

引子

1. Pliny, *Natural History*, XII.1.2–11, p. 5. H. Rackham (transl.), *Pliny, Natural History. Volume IV: Books XII–XVI*, Cambridge MA and London 1968.
2. W. H. Auden, *Bucolics, II: Woods* (for Nicolas Nabokov), in Edward Mendelson (ed.), *Selected Poems*, Boston and London 1979, p. 206. Copyright © 1955 by W. H. Auden, renewed. Reprinted by permission of Curtis Brown, Ltd.
3. Virgil, *The Aeneid*, VI.154–5. W. F. Jackson Knight (transl.), *The Aeneid*, London, repr. 1966, pp. 151–2.
4. *Ibid.*, VIII.294–326, p. 210.
5. These were published by Sloane in his *Catalogus Plantarum Quae In Insula Jamaica*, London 1696, and in his illustrated two-volume *Voyage to the Islands Madera, Barbados, Nieves, S. Christophers, and Jamaica, with the Natural History of the Herbs and Trees, Four-footed Beasts, Fishes, Birds, Reptiles, &c.*, London 1707 and 1725. Sloane's herbarium is one of the core collections of the Natural History Museum, London.
6. *Captain Cook's Journal during His First Voyage Round the World in H.M. Bark Endeavour 1768–71*, a literal transcription of the original MSS edited by Captain W. J. L. Wharton, London 1893. Available online through Project Gutenberg, 2004: http://www.gutenberg.org/files/8106/8106-h/8106-h.html.
7. Erasmus Darwin, *The Loves of the Plants*, Canto II, London 1789, p. 155.
8. Charles Darwin, *The Origin of Species By Means Of Natural Selection*, J. W. Burrow (ed.), repr. London 1985, p. 172.

第一章　第一节

1. *See*, for example, Sandra Knapp's history of taxonomy on the Natural History Museum's website: http://www.nhm.ac.uk/nature-online/science-of-natural-history/taxonomy-systematics.
2. *Romeo and Juliet*, 2.1.85–6. Stanley Wells and Gary Taylor (eds), *The Oxford Shakespeare. The Complete Works*, Oxford 1995.
3. Pliny, *Natural History*, XXV.IV.8. W. H. S. Jones (transl.), *Pliny, Natural History, Volume VII: Books XXIV–XXVII*, Cambridge MA and London 1968, p. 141.
4. Robert Huxley, 'Challenging the dogma: classifying and describing the natural world', in Kim Sloan (ed.), *Enlightenment. Discovering the World in the Eighteenth Century*, London 2003, p. 73.
5. Nehemiah Grew, *The Anatomy of Plants with an Idea of a Philosophical History of Plants and several other Lectures read before the Royal Society*, London 1682, p. 6.
6. *Ibid.*, p. 9.
7. *Catalogus Plantarum Quae In Insula Jamaica*, London 1696.
8. Arthur MacGregor (ed.), *Sir Hans Sloane, Collector, Scientist, Antiquary*, London 1994, p. 15.
9. 'American Pine, long leaves repeating in groups of three; multiple cones arising together'.
10. *See* Barry Cunliffe, *Europe Between the Oceans. Themes and Variations: 9000 BC – AD 1000*, New Haven and London 2008, p. 89.
11. Alexander von Humboldt and Aimé Bonpland, *Essay on the Geography of Plants*, Stephen T. Jackson (ed. and intr.), Sylvie Romanowski (transl.), Chicago and London 2009, pp. 70–71. © 2009 by The University of Chicago.
12. Henry D. Thoreau, *Walden*, Jeffrey S. Cramer (ed.), Denis Donoghue (intr.), New Haven and London 2006, p. 89.
13. John Evelyn, *Sylva, or A Discourse of Forest Trees and the Propagation of Timber in his Majesties Dominions*, London 1664, Preface and pp. 1–2.
14. Anne Feuchter-Schawelka, Winfried Freitag and Dietger Grosser (eds), *Die Ebersberger Holzbibliothek: Vorgänger, Vorbilder und Nachfolger*, Ebersberg 2001, p. 31.
15. Diana Donald and Jane Munro (eds), *Endless Forms. Charles Darwin, Natural Science and the Visual Arts*, New Haven and London 2009, p. 8.
16. Jules Verne, *A Journey to the Centre of the Earth*, William Butcher (ed., transl. and notes), Oxford 1992, pp. 184–6. Reproduced by permission of Oxford University Press.
17. *See* J. R. Piggott, *Palace of the People. The Crystal Place at Sydenham 1854–1936*, London 2004, pp. 158–64.
18. *Ibid.*, p. 123.
19. Louis Figuier, *The World before the Deluge*, London 1865, p. 336.
20. *Ibid.*, pp. 141–2.
21. The fossil stumps visible today are internal casts formed by sand washed into the hollow centre of the decaying trunks and roots. This later hardened to sandstone with an outer layer of coal, formerly the tree bark, which was removed to reveal the sandstone casts.
22. Charles Darwin, *On the Origin of Species by Means of Natural Selection*, p. 171.

第二章　第二节

1. Robert Pogue Harrison, *Forests. The Shadow of Civilization*, Chicago and London 1997, pp. 7–8.
2. Mircea Eliade, *Patterns in Comparative Religion*, London 1958, 1979 (4th imp.), p. 286.
3. *See* Dominique Collon, *Ancient Near Eastern Art*, London 1995, p. 96.
4. From the 'standard inscription' carved across the centre of the wall panels from the Northwest Palace.
5. Colin McEwan and Leonardo Lopez Luján (eds), *Moctezuma. Aztec Ruler*, London 2009, cat. no. 90, pp. 206–7. *See also* Colin McEwan, Andrew Middleton et al, *Turquoise Mosaics from Mexico*, London 2006.
6. Wu Cheng'en, *Journey to the West (Hsi Yu Ki)*, W. J. F. Jenner (transl.), Beijing 2004 (4th printing), 6, p. 442. Another very good translation is by Anthony Yu, *The Journey to the West*, Chicago and London 1977, 2 vols.
7. *Ibid.*, pp. 489–90.
8. Anthony Storr (selected and intr.), *The Essential Jung. Selected Writings*, London 1998, p. 78.
9. Authorized version of the Bible, Genesis 2:8–9 and 15–17.
10. *Ibid.*, Revelation 22:1–2.
11. *See* Paul Binski, 'The Tree of Life', in *Becket's Crown. Art and Imagination in Gothic England 1170–1300*, New Haven and London 2004, pp. 209–29.
12. Mary Carruthers, 'Moving images in the mind's eye', in Jeffrey Hamburger and Anne-Marie Bouché (eds), *The Mind's Eye. Art and Theological Argument in the Middle Ages*, Princeton 2006, p. 288.
13. *See* David Bindman, 'The English Apocalypse', in Frances Carey (ed.), *The Apocalypse and the Shape of Things To Come*, London 1999, pp. 208–63.
14. *See* 'Archive for Research in Archetypal Symbols', *The Book of Symbols*, Cologne 2010.
15. Authorized version of the Bible, Isaiah 11:1.
16. Don Paterson, *Orpheus: A version of Rilke's 'Die Sonnette an Orpheus'*, London 2006, p. 3.
17. Dante, *The Divine Comedy, Vol. 1: The Inferno*. Mark Musa (transl.), London 1984, Canto I.3, p. 67. Courtesy of Indiana University Press.
18. *Ibid.*, Canto XIII.6, p. 186.
19. *See* Antony Griffiths, 'Callot: Miseries of War', in *Disasters of War: Callot, Goya, Dix*, National Touring Exhibition organized by the Hayward Gallery with the Department of Prints and Drawings, British Museum, London 1998, pp. 11–25.
20. *See* Philip Attwood and Felicity Powell, *Medals of Dishonour*, London 2009, cat. no. 19, p. 77.
21. Juliet Wilson-Bareau, 'Goya: the disasters of war', in

Disasters of War, California 1999, pp. 28–55.

22. David Jones, *In Parenthesis*, London 1978, p. 184.

23. Frances Carey and Antony Griffiths, *Avant-garde British Printmaking 1914–1960*, London 1990, pp. 62–5.

24. *See* Thomas G. Ebrey, 'Printing to perfection: the colour-picture album', in Clarissa von Spee (ed.), *The Printed Image in China from the 8th to the 21st Centuries*, London 2010, pp. 26–35.

25. J. H. Fuseli, *Lectures on Painting*, London 1820, p. 179.

26. W. S. Gilpin, *Three essays on Picturesque Beauty*, London 1794 (2nd edn), pp. 100–101.

27. *Ibid.*, pp. 49–50.

28. Uvedale Price, *An Essay on the Picturesque as compared with the Sublime and the Beautiful*, London 1794, p. 76.

29. *Ibid.*, p. 190.

30. *See* William Vaughan, 'The primitive vision (1823–5)', in William Vaughan, Elizabeth Barker and Colin Harrison, *Samuel Palmer 1805–1881. Vision and Landscape*, London 2005, pp. 75–104.

31. John Ruskin, *Praeterita*, first published London 1885–9, 2nd edn 1907, Vol II, p. 113.

32. *Ibid.*, p. 112.

33. John Ruskin, *The Elements of Drawing*, London 1892, p. 169.

34. *See* Kim Sloan, *J. M. W. Turner. Watercolours from the R. W. Lloyd Bequest*, London 1998, no. 44, p. 126.

35. James George Frazer, *The Golden Bough*, Robert Fraser (ed., intr. and notes), Oxford 1994, pp. 806–7.

第二章　树木馆

猴面包树

1. Rudyard Kipling, *The Elephant's Child*, in *Just So Stories* (1902), Jonathan Stroud (intr.), London 2008.

桦树

1. John Evelyn, *Sylva*, pp. 141–2.

2. Robert Frost, *Birches* (1915), in Steven Croft (ed.), *Robert Frost. Selected Poems*, Oxford 2011, p. 45.

构树

1. Engelbert Kaempfer, *The history of Japan*, John Gaspar Scheuchzer (transl.), London 1727, p. 64.

2. Tsien Tsuen-Hsuin, *Paper and Printing*, Vol. V.1, Cambridge 1985, in Joseph Needham (ed.), *Science and Civilization in China*, 7 vols, Cambridge 1954–1999, pp. 57–9.

黄杨

1. *See* P. Kevin, James Robinson et al, 'A musical instrument fit for a queen: the metamorphosis of a medieval citole' in British Museum Technical Research Bulletin (2008), 2, pp. 13–27 and Jan Ellen Harriman, 'From gittern to citole' in *Early Music* (2011), 39 (1), pp. 139–40

2. William Vaughan, 'The primitive vision (1823–5)', in William Vaughan, Elizabeth Barker and Colin Harrison, *Samuel Palmer 1805–1881. Vision and Landscape*, London 2005, p. 98.

雪松

1. *The Epic of Gilgamesh*, Tablet II.v.216, Andrew George (transl.), London 2003 (repr.), p. 19.

2. *Ibid.*, Tablet V.v 1, p. 39 and V. ish 35' and 39', p. 46.

3. John Evelyn, *Sylva*, p. 59.

4. *The Epic of Gilgamesh*, Tablet V.v.295, p. 46.

5. *See* J. E. Curtis, *The Balawat Gates of Ashurnasirpal*, London 2008.

6. *Cymbeline*, 5.6.455–60. *The Oxford Shakespeare*.

椰树

1. *Narrative of the circumnavigation of the globe by the Austrian frigate Novara . . . 1857, 1858, & 1859*, London 1861–3.

2. Robert Louis Stevenson, *The Complete Works* Vol. 21, Newcastle upon Tyne 2009, pp. 43–47.

山楂

1. *The History of that Holy Disciple Joseph of Arimathea*, 1770.

2. Richard Rawlinson, *The History and Antiquities of Glastonbury*, Oxford 1722, p. 222

3. www.everypoet.com/archive/poetry/Geoffrey_Chaucer/chaucer_poems_THE_COURT_OF_LOVE.htm

柏树

1. *The Metamorphoses of Ovid,* Mary M. Innes (transl.), Harmondsworth, 1955, repr. 1970 , X.105–8, pp. 227–8 and 137–42, p. 228

2. Pliny*, Natural History*, XVI.LIX.139, p. 479.

3. Henry D. Thoreau, *Walden*, Jeffrey S. Cramer (ed.), Denis Donoghue (intr.), New Haven and London 2006, for the quotation Thoreau gives from Gulistan. The ref. is p. 84.

无花果

1. James Fenton (ed.), *D. H. Lawrence. Selected Poems*, London 2008, p. 93.

2. John Evelyn, *Sylva*.

3. Pliny, *Natural History*, XV.XXI.82, p. 345.

4. Mas'ūdī, *The Meadows of Gold*, Penguin Great Journeys, London 2007, p. 47.

梣树

1. John Evelyn, p. 23.

2. Homer, *The Iliad*, Robert Fagles (transl.), London 1991, 19.459–63, p. 501

3. Roger Deakin, *Wildwood: a Journey through Trees*, London 2006, pp. 382–3.

银杏

1. Engelbert Kaempfer, *The history of Japan*, John Gaspar Scheuchzer (transl.), London 1727, p. 66.

2. From Goethe's *West-östlicher Diwan* (1819), in *Goethe. Selected Verse*, David Luke (transl. and ed.), London 1986, p. 249. © David Luke, 1964.

月桂

1. *The Metamorphoses of Ovid*, I.518–557, p. 43

2. Pliny, *Natural History*, XV.XL.136–7, p. 381.

苹果

1. Homer, *The Odyssey*, Robert Fagles (transl.), London 1997, 24.379–380, p. 479

2. *The Metamorphoses of Ovid*, XIV.623–633, p. 328

3. Hesiod, *The Theogeny*, 285–287, C. A. Elton (transl.),

London and New York n.d. (one of Sir John Lubbock's Hundred Books published by Routledge from 1896).

桑树

1. Pliny, *Natural History,* XV.XVII.97, p. 355.

橄榄

1. Homer, *The Odyssey*, 13.108–117, p. 289

2. Pliny, *Natural History*, XV.III.11–12, p. 295.

3. *Ibid.*, XV.V.19, p. 301.

松树

1. Virgil, *The Aeneid*, IX.83–93, p. 227

2. *Three Hundred Tang Poems*, Peter Harris (transl.), London 2009, pp. 225–6.

杨树

1. 'The Interpreter's House', no. 28, February 2005, p. 41.

梅、桃、杏及樱桃

1. *The Poems of Mao Zedong*, Willis Barnstone (transl, intr. and notes) Berkeley, Los Angeles and London 2008, p. 105.

2. Pliny, *Natural History*, XV.XII.45, p. 319.

3. The Oxford Shakespeare. 2.2 238–243, p. 1235.

4. Engelbert Kaempfer, *The history of Japan*, John Gaspar Scheuchzer (transl.), London 1727, p. 66.

5. Pliny, *Natural History*, XV. xxx.102–3, p.359.

橡树

1. Herodotus, *The Histories*. Robin Waterfield (transl.), Oxford 1998, 2.54–55, p. 117.

2. Homer, *The Odyssey*, 14.370–3, p. 312

3. Pliny, *Natural History*, XVI.II.6–7, p. 391 and V.II, p. 395.

4. Pliny, *Natural History*, XVI.VI.15, p.397.

5. Quoted in Antony Griffiths and Frances Carey, *German Printmaking in the Age of Goethe,* London 1994, p. 114.

6. Pliny, *Natural History*, XVI.XCV.249, p. 549.

7. *See* Barry Cunliffe, *Druids. A Very Short Introduction*, Oxford 2010.

枣树

1. Pliny, *Natural History*, XIII.XIII.111, p. 165.

后记

1. *Big Yellow Taxi*. Words and music by Joni Mitchell. © 1970 (Renewed), Crazy Crow Music. All rights administered by Sony/ATV Music Publishing, 8 Music Square West, Nashville, TN 37203. All Rights Reserved.

2. Revd John Sinclair, *Life and Works of The Late Right Honourable Sir John Sinclair*, 2 vols, Edinburgh 1837, I, p. 111.

3. Wangari Maathai, 'The silent forests', in *The Guardian*, 25 November 2011.

延展阅读

Terese Tse Bartholomew, *Hidden Meanings in Chinese Art*, San Francisco 2006

Maggie Campbell-Culver, *A Passion for Trees. The Legacy of John Evelyn*, London 2006

Charles Darwin, *The Origin of Species by Means of Natural Selection*, London 1985

Diana Donald and Jane Munro (eds), *Endless Forms. Charles Darwin, Natural Science and the Visual Arts*, New Haven and London 2009

Mircea Eliade, *Patterns in Comparative Religion*, London 1958, 4th imp. 1979

John Evelyn, *Sylva or a Discourse of Forest Trees and the Propagation of Timber in His Majesty's Dominions*, London 1664 (http://openlibrary.org/books/OL13518723M/Sylva)

James George Frazer, *The Golden Bough*. Edited with an introduction and notes by Robert Fraser, Oxford, 1994

Fred Hageneder, *The Living Wisdom of Trees*, London 2005

Robert Pogue Harrison, *Forests. The Shadow of Civilization*, Chicago and London 1997

Charlie Jarvis, *Order out of Chaos*, London 2007

Tony Kirkham, *Wilson's China: A Century On*, Kew 2009

Mark Laird and Alicia Weisberg-Roberts (eds), *Mrs Delany and Her Circle*, New Haven and London 2009

William Bryant Logan, *Oak. The Frame of Civilization*, New York 2006

Joseph Needham, *Science and Civilization in China: vol. 6, part 1, Botany*, Cambridge 1986

Therese O'Malley and Amy W. Meyers (eds), *The Art of Natural History: Illustrated Treatises and Botanical Paintings 1400-1850*, New Haven and London, 2008

The Metamorphoses of Ovid, Mary M. Innes (transl), Harmondsworth 1955, repr. 1970

Thomas Pakenham, *Remarkable Trees of the World*, London 2002

Anna Pavord, *The Naming of Names*, London 2005

Pliny the Elder, *Natural History*, 10 vols, Cambridge 1910–62

Oliver Rackham, *Ancient Woodland: Its History,*

Vegetation and Uses in England, London 1980

Jonathan Roberts, *Mythic Woods. The World's Most Remarkable Forests*, London 2004

Simon Schama, *Landscape and Memory*, London 1995

Kim Sloan, 'A noble art' in *Amateur Artists and Drawing Masters c.1600-1800*, London 2000

Kim Sloan (ed.) *Enlightenment. Discovering the World in the Eighteenth Century*, London 2003. (In particular the section on the Natural World with chapters by Robert Huxley and Jill Cook.)

Henry D. Thoreau, *Walden* Jeffrey S. Cramer (ed.), New Haven and London 2006

Colin Tudge, *The Secret Life of Trees. How They Live and Why They Matter,* London 2005

Virgil, *Georgics in Eclogues, Georgics, Aeneid, 1–6*, H. R. Fairclough (transl.), Cambridge and London 1986

Alexandra Walsham, *The Reformation of the Landscape. Religion, Identity, and Memory on Early Modern Britain and Ireland*, Oxford 2011

Andrea Wulf, *The Brother Gardeners*, London 2008

网络资源

大英博物馆藏品在线：请访问 http://www.britishmuseum.org/research/collection_online/search.aspx，以获取大英博物馆各展区藏品的更多信息。

基尤皇家植物园：http://www.kew.org

伦敦自然历史博物馆：http://www.nhm.ac.uk/research-curation/departments/botany/index.html

2010 年，皇家植物园、基尤植物园、密苏里植物园携手启动"植物名录"（Plan List）项目，覆盖目前已知所有植物物种，详情请访问 http://www.theplantlist.org/

致谢

The author wishes to thank the following connected with British Museum Press for the production of this book, in particular Felicity Maunder on the editorial side, with assistance from Carolyn Jones; Axelle Russo for sourcing the pictures, Raymonde Watkins for the design, and Charlotte Cade and Emma Poulter for seeing it through to final publication.

Abundant thanks are due to the many people who have contributed and checked information:
Philip Attwood

Giulia Bartrum
Lissant Bolton
Caroline Cartwright
Hugo Chapman
Jill Cook
John Curtis
Catherine Eagleton
Kazayuki Enami
Philippa Edwards
Irving Finkel
Celina Fox
Kathryn Godwin

Amanda Gregory
Alfred Haft
Jill Hasell
Thomas Hockenhull

Alison Hollis
Charlie Jarvis
Jonathan King
Tony Kirkham
Anouska Komlosy
Ian Jenkins
Mark McDonald

Richard Parkinson
Venetia Porter
Sascha Priewe
Judy Rudoe
Kim Sloan
Chris Spring
Jan Stuart
Dora Thornton
Hiromi Uchida
Helen Wang
Frances Wood

图片名录

PAGE

1 P&E M.6903
2 PD 1943,0410.1
6, 2 (上) Asia 1993,0724,0.2 (Funded by the Brooke Sewell Permanent Fund)
2 (下) AOA Af1939,34.1 (Acquired with the assistance of the Art Fund)
3 (上) © The Natural History Museum, London
3 (下) P&E 1986,1201.1–27 (Donated by the Somerset Levels Project and Fisons PLC)
4 © The Natural History Museum, London
5 PD 1897,0505.895 (Bequeathed by Augusta Hall, Baroness Llanover)
6 PD 1985,1214.8
11 PD 1923,1112.174
12 (上) P&E 2010,8035.1 (Donated by A.W. Milburn)
12 (下) ME 1896,0406.7
13 PD 1848,1013.138

14 (上) PD 1909,0512.1(12)
14 (下) PD 2009,7037.9 (Donated by and © Lyn Williams)
15 PD 1977,0507.3
17 PD 1985,1214.8
18 PD 1901,1105.53 (Donated by F.W. Baxter)
20 © The British Library Board
21 © The British Library Board
22 © The British Library Board
23 PD 1935,0522.3.51
25 ME 1849,0502.15
26 (上) P&E Eu,SLMisc.1103 (Bequeathed by Sir Hans Sloane)
26 (下) AOA Am,St.397.a
27 Asia 1956,0714,0.5
28 Asia As1859,1228.493 (Donated by Revd William Charles Raffles Flint)
29 ME As1997,24.12 (Donated by Ken Ward)
30 (左) PD 1935,0522.3.52
30 (右) PD 1935,0522.3.53
31 PD 1935,0522.3.51
32 PD 1847,0318.93.76
33 PD 1851,0901.921 (Donated by William Smith)
34 PD 1864,0813.291
35 © source, ARTFL University of Chicago
36 (左) Asia 1875,0617.1
36 (右) PD 1904,0723.1
37 PD 1871,0812.811

38 PD 1892,0411.6 (Donated by Charles Fairfax Murray)
39 PD 1983,1001.7
40 AOA Af2006,15.40
41 AOA Am1990,08.167
42 AOA Af2005,01.1; reproduced by permission of the artists
44 PD 1918,0413.5 (Purchase funded by Sir Ernest Ridley Debenham, 1st Baronet)
45 (上) PD 1861,0713.787
45 (下左) CM 1978,1206.1
45 (下右) PD 1975,1025.251
46 PD 1918,0219.10 (Donated by Christopher Richard Wynne Nevinson)
47 PD 1918,0704.8 (Donated by Ernest Brown & Phillips)
48 Asia 1928,0301,0.1 (Donated by K.K. Chow)
49 (上) PD Gg,3.365 (Bequeathed by Clayton Mordaunt Cracherode)
49 (下) PD 1973,U.967 (Bequeathed by Clayton Mordaunt Cracherode)
50 PD 1864,1114.216
52 (上) PD 1964,1104.1.3
52 (下) PD 1987,0725.17
53 PD 1958,0712.444 (Bequeathed by Robert Wylie Lloyd)
54 PD 1989,0930.138
56 (上) CM 1984,0605.888; reproduced with

the kind permission of the BCEAO
56 (下) AOA Oc1939,12.3 (Donated by A.G. Hemming)
57 AOA Af2002,09.21; © Seif Rashidi Kiwamba, Tinga Tinga studio
58 (上) P&E 1953,0208.14–15 (Donated by Sir Grahame Douglas Clark)
58 (左) GR 1983,1229.1
59 PD 2000,0520.4
60 (上) Am1949,22.170
60 (下左) AOA Am,SLMisc.2065.1–30 (Bequeathed by Sir Hans Sloane)
60 (下右) AOA Am2003,19.1, 20, 21a–b, 22 and 23 (Purchased through the Heritage Lottery Fund with contributions from the British Museum Friends, J.P. Morgan Chase and the Art Fund)
61 AOA Am1989,21.6
62 PD 1888,0215.68 (Donated by Isabel Constable)
63 PD 2003,0131.16 (Donated by James F. White); © Robert Kipniss
64 Asia 1963,0731,0.3
65 (左) Asia As,+.4033 (Donated by Thomas Watters)
65 (右) Asia As,+.4037 (Donated by Thomas Watters)
66 AOA Oc.4252
67 (上) AOA Oc,A37.1; © The Estate of Katesa

Schlosser

67 (下) AOA Oc,G.N.1638 (Donated by Mrs J.J. Lister)

68, 69 P&E 1963,1002.1 (Purchased with contributions from the Pilgrim Trust and the Art Fund)

70 P&E WB.232 (Bequeathed by Baron Ferdinand Anselm de Rothschild)

71 (上) PD 1939,0114.7 (Donated by the Art Fund)

71 (下) PD 1919,0528.2

72 (上) ME 1881,1109.1

72 (下) ME 1848,1104.127

73 EA 35285

74 (上) PD 1950,1111.56 (Purchase funded by the H.L. Florence Fund)

74 (下) PD 1878,1228.135 (Bequeathed by John Henderson)

75 PD SL,5284.62 (Bequeathed by Sir Hans Sloane)

76 (左) AOA Oc.4790 (Donated by Henry Christy)

76 (右) PD 1890,0512.107

77 AOA Af1898,0115.173 (Donated by the Secretary of State for Foreign Affairs)

78 (上) AOA Oc,B13.9

78 (下) AOA Oc1931,0714.8 (Donated by Lady Elsie Elizabeth Allardyce)

79 (上) AOA As1887,1015.149 (Donated by Edward Horace Man)

79 (右) AOA Oc1993,03.60

80 PD 1897,0505.246 (Bequeathed by Augusta Hall, Baroness Llanover)

81 (左) P&E 1887,0307,I.23 (Donated by Augustus Wollaston Franks)

81 (右) PD 1856,0209.422

82 (左) PD 1874,0711.2095

82 (右) P&E 1978,1002.1060 (Prof. John Hull Grundy and Anne Hull Grundy)

83 (上) PD 1933,0411.119 (Donated through The Art Fund)

83 (下) PD 1955,0420.7 (Donated by H. Megarity)

84 (左) PD 1950,0520.444

84 (右) CM 2002,0102.4701 (Bequeathed by Charles A. Hersh)

85 ME 1974,0617,0.13.48v–49r

86 ME 1974,0617,0.3.26

87 ME G.308 (Donated by Frederick du Cane Godman and Miss Edith Godman)

88 PD 1962,0714.1.47

89 PD 1890,0512.133

90 (左) Photo courtesy of Richard Wilford, Kew; © The Trustees of the Royal Botanical Gardens, Kew

90 (右) PD 1871,0610.536

91 (左) AOA Oc1989,05.12; © DACS 2012

91 (右) PD 2002,0929.100 (Donated by Lyn Williams); © The Estate of Fred Williams

92 (左) EA 5396

92 (右) PD 1907,1001.14 (Donated by George Dunlop Leslie)

93 (左) P&E 1856,0623.5

93 (右) PD E,7.268

94 (上) PD 1897,0505.331 (Bequeathed by

Augusta Hall, Baroness Llanover)

94 (下) EA 37983

95 (左) PD 1997,1109,0.4

95 (左) ME 1941,0712,0.5 (Purchase funded by the Art Fund)

96 (左) Asia 1919,0101,0.6

96 (右) PD 1996,0330,0.4 (Donated by Miss Ione Moncrieff St George Brett)

97 (左) AOA 2008,2021.2; © Sarah Kizza

97 (右) AOA Am2006,Drg.2896

98 (上) PD 1912,0819.6 (Donated by Henry Currie Marillier)

98 (下) P&E 1952,0202.2 (Donated by Major M.C. Donovan through Sir R.E. Mortimer Wheeler)

99 GR 1836,0224.127

100 (上) PD 2004,0601.49 (Bequeathed by Alexander Walker); © David Nash. All rights reserved, DACS 2012

100 (右) AOA Am2003,19.14 (Purchased with contributions from J.P. Morgan Chase, the British Museum Friends, the Art Fund and the Heritage Lottery Fund)

101 PD 1888,0215.67 (Donated by Isabel Constable)

102 (左) © The Trustees of the Royal Botanic Garden, Kew

102 (上右) P&E 1989,0105.1

102 (下右) Asia OA+.3163

103 Asia 2004,0330,0.4 (Donated by Kiyota Yūji); © Kiyota Yūji Work

104 AOA Am1949,22.118

105 (左) © Natural History Museum, London

105 (右) AOA Am1977,Q.3

106 P&E 1855,1201.103

107 PD H,2.27

108 GR 1857,1220.434

109 (左) GR 1939,0607.1 (Purchased with contribution from the Art Fund)

109 (右) P&E M.6903

110 PD 1913,0714.69

111 (左) PD SL,5226.96 (Bequeathed by Sir Hans Sloane)

111 (右) P&E 1989,1103.1

112 GR 1805,0703.38

113 (左) PDE,2.7 (Bequeathed by Joseph Nollekens through Francis Douce)

113 (右) P&E 1958,1201.3268

114 PD 1962,0714.1.40

115 (上) PD 1887,0502.113 (Donated by Samuel Calvert)

115 (下) P&E 1923,0216.3.CR (Donated by James Powell & Sons, Whitefriars Glassworks)

116 PD 1938,1209.3 (Donated by E. Kersley)

117 PD 1929,1109.4 (Donated by Henry van den Bergh through the Art Fund)

118 (上) Asia 1938,0524.179

118 (下) Asia MAS.926.a–b

119 PD SL,5284.101 (Bequeathed by Sir Hans Sloane)

120 (上) Asia 1908,0718,0.2 (Donated by Sir Hickman Bacon)

120 (下) Asia 1907,1111.73

121 PD 1948,0410.4.214 (Bequeathed by Sir Hans Sloane)

122 PD 1869,1009.30

123 P&E 1864,0816.1 (Bequeathed by George Daniel)

124 PD 1841,1211.59

125 GR 1837,0609.42

126 (上) ME OA+.4286

126 (下) GR 2001,0508.1 (Purchased with a contribution from the Olympic Museum)

127 (上) PD 1861,0713.430

127 (下) GR 1868,0105.46 (Donated by Dr George Witt)

128 P&E SLMisc.151 (Bequeathed by Sir Hans Sloane)

129 PD 1957,1214.148

130 (左) P&E WB.229 (Bequeathed by Baron Ferdinand Anselm de Rothschild)

130 (右) PD 1890,0415.412 (Donated by Miss Sarah Deacon)

131 PD SL,5218.167 (Bequeathed by Sir Hans Sloane)

132 (上) CM C.4884

132 (下) AOA Am1991,09.10.a–b

133 (上) Asia 1881,1210,0.1895

133 (下) Asia 1945,1017.418 (Bequeathed by Oscar Charles Raphael)

134 Asia 1973,0917,0.59.24

135 (左) GR 1856,1226.1007 (Bequeathed by Sir William Temple)

135 (下) PD 1974,0615.28 (Donated by Dame Joan Evans)

135 (右) PD 1974,1207.17 (Donated by Miss Rowlands)

136 PD SL,5284.111 (Bequeathed by Sir Hans Sloane)

137 PD 2003,0630.91 (Funded by Arcana Foundation)

138 PD 1895,0915.517

139 PD 1860,0000.9302

140 Asia 1910,0212,0.476

141 (左) Asia PDF815 (On loan from Sir Percival David Foundation of Chinese Art)

141 (右) Asia 1914,0319,0.2

142 Asia 1948,0410,0.65 (Donated by Henry Bergen)

143 (左) PD 1897,0505.710 (Bequeathed by Augusta Hall, Baroness Llanover)

143 (右) Asia 1936,0413.8 (Bequeathed by Reginald Radcliffe Cory)

144 PD SL,5219.144 (Bequeathed by Sir Hans Sloane)

145 (左) PD 1962,0714.1.36

145 (下) Asia Franks.2455 (Donated by Sir Augustus Wollaston Franks)

145 (右) Asia 1936,0413.44 (Bequeathed by Reginald Radcliffe Cory)

146 (上) Asia 1992,0416,0.4.10 (Purchase funded by the Brooke Sewell Permanent Fund)

146 (下) P&E 1988,0705.1, 6, 7

147 (左) Asia 1906,1220,0.1778

147 (右) Asia 1982,0518.1

148 (左) GR 1908,0414.1

148 (右) P&E 1938,0202.1 (Purchased with contributions from the Art Fund and the Christy Fund)

149 PD 1943,0410.1

150 PD 1917,1208.250 (Donated by Nan Ino

Cooper, Baroness Lucas of Crudwell and Lady Dingwall, in memory of Auberon Thomas Herbert, 9th Baron Lucas of Crudwell and 5th Lord Dingwall)

151 (下) P&E 1978,1002.312 (Donated by Professor John Hull Grundy and Anne Hull Grundy)

151 (右) PD 2008,7057.1; © ARS, NY and DACS, London 2012

152 (左) PD 1870,0709.283

152 (右) CM M.8596

153 (左) P&E 1944,1001.20 (Donated by Miss M.H. Turner)

153 (右) P&E 1935,0716.1.CR (Donated by Mrs Charles J. Lomax in memory of her husband)

154 PD 2001,0330.11 (Purchase funded by the British Museum Friends)

155 (上) PD 1878,0713.1275

155 (下) P&E 1863,1207.1 (Donated by Queen Victoria)

156 PD 1868,0808.6051

157 PD F.5.33 (Bequeathed by Clayton Mordaunt Cracherode)

158 (左) AOA Am1903,-63

158 (右) P&E Eu2005,0506.28

159 (上) P&E R.30 (Donated by Augustus Wollaston Franks)

159 (下) CM CIB.16027 (Donated by ifs School of Finance)

160 PD Y,5.62 (Donated by Dorothea Banks)

161 PD 1897,0505.851 (Bequeathed by Augusta Hall, Baroness Llanover)

162 (上) PD Banks,2*.6

162 (下左) AOA Am1981,Q.1921

162 (下右) AOA Am,NWC.43 (Donated by Sir Joseph Banks)

163 PD 1932,0213.14 (Donated by G.C. Allingham)

164 PD SL,5275.28 (Bequeathed by Sir Hans Sloane)

165 (上) House of Commons Library, on loan to the British Museum

165 (下) P&E 2005,0604.1–2

166 (上) PD D,2.2382 (Donated by Dorothea Banks)

166 (下) AOA Af2006,12.6; © Daniel Oblie

167 (上) PD 1979,0623.15.3

167 (右) AOA Am1989,12.126

168 Asia 1999,0203,0.8 (Bequeathed by Major J.P.S. Pearson)

169 PD 1921,0411.1; © Ed Ruscha

170 P&E WB.67 (Bequeathed by Baron Ferdinand Anselm de Rothschild)

171 (下) PD 1867,0309.1712

171 (右) PD SL,5284.111 (Bequeathed by Sir Hans Sloane)

172 CM 1986,0209.1; © Ronald Pennell

173 Asia 1842,1210.1

174 (左) Asia As1905,-.648

174 (右) PD 1854,0708.135

175 Asia 1989,0204,0.70; © Dinabandhu Mahapatra

176 (左) CM M.9137

176 (右) Photo: Richard Wilford

177 Photo: Richard Wilford

索引

188

189

190

图书在版编目（CIP）数据

树的艺术史 /（英）弗朗西斯·凯莉（Frances Carey）著；
沈广湫，吴亮译 .—厦门：鹭江出版社，2016.9（2016.11 重印）
　ISBN 978-7-5459-1183-1

Ⅰ. ①树⋯　Ⅱ. ①弗⋯②沈⋯③吴⋯　Ⅲ. ①树木－文化史－世界
Ⅳ. ① S718.4-091

中国版本图书馆 CIP 数据核字（2016）第 115191 号

著作权合同登记号
图字：13-2016-035号
THE TREE by Frances Carey ©2012 The Trustees of the British Museum
First published in 2012 by The British Museum Press
A division of The British Museum Company Ltd
Simplified Chinese rights arranged through CA-LINK International LLC

SHU DE YISHUSHI

树的艺术史

［英］弗朗西斯·凯莉（Frances Carey）著

沈广湫　吴亮 译

出版发行：海峡出版发行集团
　　　　　鹭 江 出 版 社
地　　址：厦门市湖明路 22 号　　　　　　　　　　　　邮政编码：361004
选题策划：王丽婧
策划编辑：张　帅
责任编辑：董曦阳　郭　明
特约编辑：倪笑霞
营销编辑：栾壹婷
美术编辑：王　越
印　　刷：北京市十月印刷有限公司
地　　址：北京市通州区马驹桥北口民族工业园 9 号　　邮政编码：101102
开　　本：787mm × 1092mm　1/12
插　　页：4
印　　张：17
字　　数：214 千字
版　　次：2016 年 9 月第 1 版　2016 年 11 月第 2 次印刷
书　　号：ISBN 978-7-5459-1183-1
定　　价：118.00 元

梅枝、欧洲李（或者西洋李），选自五本盖有 1637
年邮戳的画册中的一册，1623 年
［比］让·博斯查尔特（Jan Bosschaert，活跃于 1610/11—
1628 年）
树胶水彩，20 厘米 ×31 厘米

画册 1724 年由汉斯·斯隆爵士在荷兰收藏。另外四本画册中有丢
勒的作品。欧洲李最早生长在叙利亚，后由古罗马人引入欧洲。